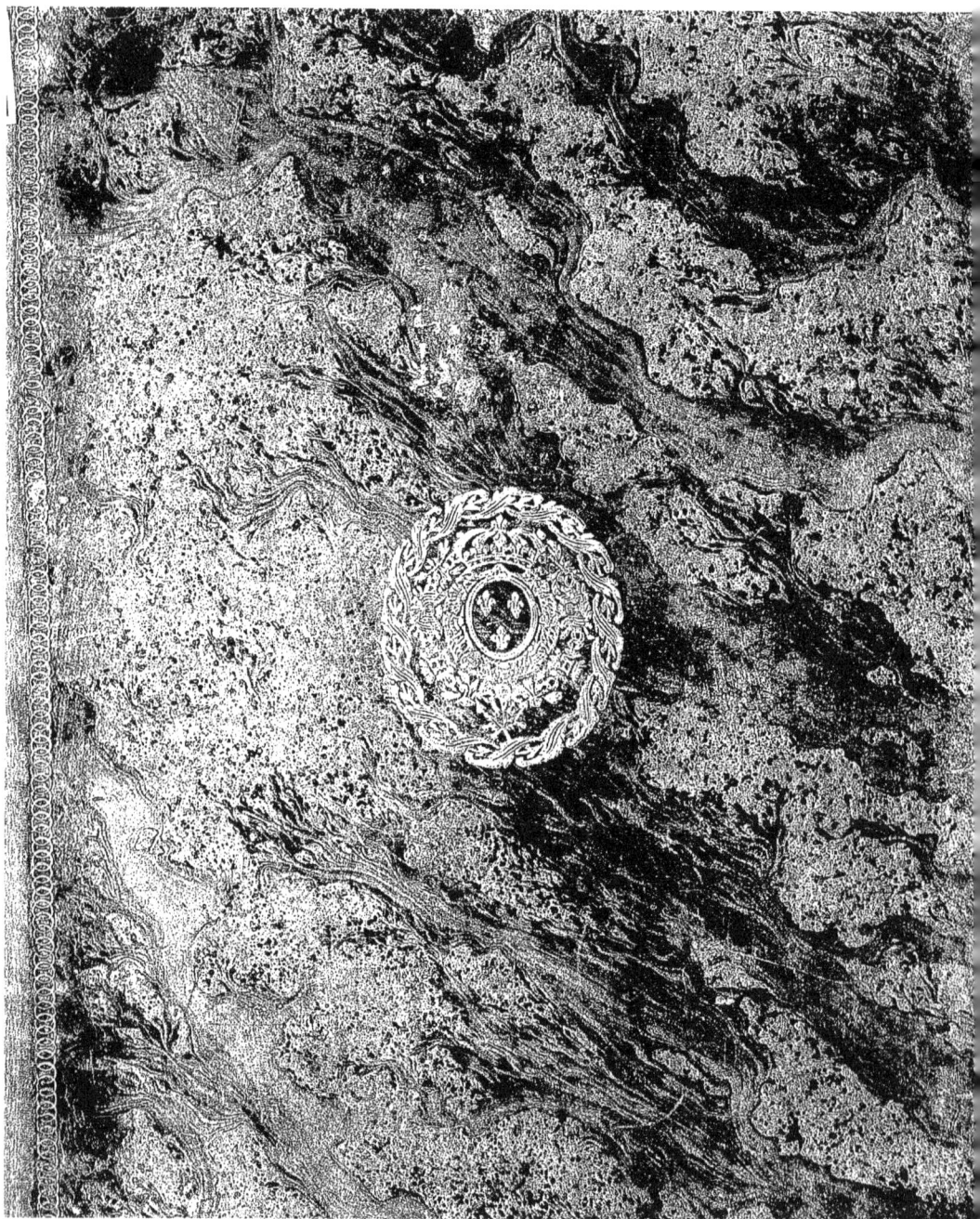

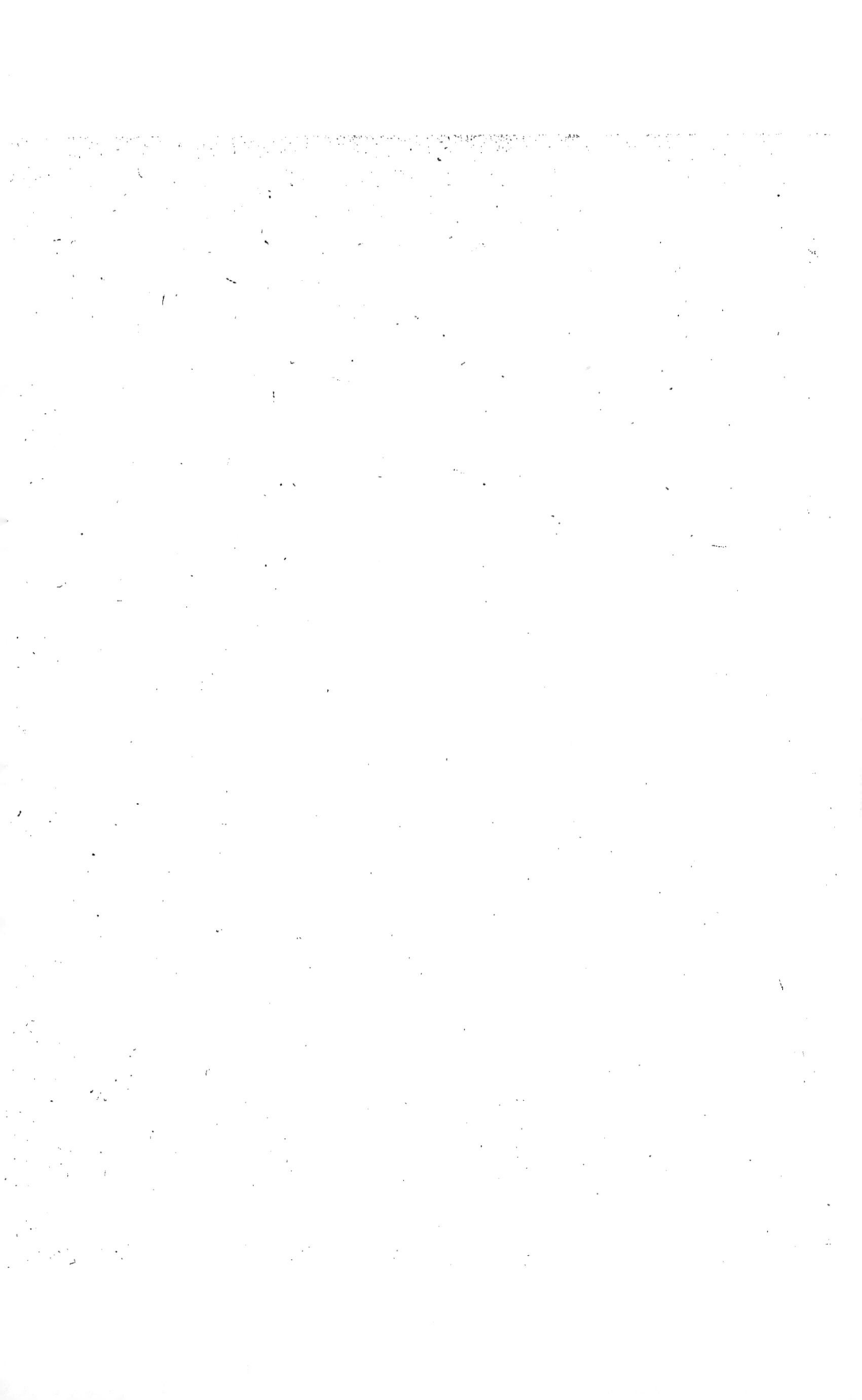

GÉOMÉTRIE

DESCRIPTIVE. 3379

SE TROUVE A PARIS,

Chez le citoyen OBELIANE, à l'École Polytechnique,
rue de l'Université.

GÉOMÉTRIE

DESCRIPTIVE.

LEÇONS

DONNÉES AUX ÉCOLES NORMALES,

L'AN 3 DE LA RÉPUBLIQUE;

Par Gaspard MONGE, de l'Institut national.

PARIS,

BAUDOUIN, Imprimeur du Corps législatif et de l'Institut national.

AN VII.

AVERTISSEMENT.

Ce traité renferme une théorie complète de la partie de la géométrie qu'on a nommée *Géométrie descriptive*. Le citoyen G. Monge devoit en faire l'application aux constructions de la perspective linéaire, à la détermination des ombres dans les dessins, à la description des élémens des machines, etc., ainsi que cela est annoncé dans le programme qui précède cet écrit. Déjà il avoit fait graver les dessins qui servent maintenant de modèles aux élèves de l'école polytechnique pour l'étude de la coupe des pierres, de la charpente, de la perspective et des ombres; mais les différentes missions qu'il a reçues du gouvernement, celle qu'il remplit maintenant en Egypte, l'ont empêché de terminer ce travail.

On a pensé qu'il seroit utile de publier séparément la première partie de l'ouvrage; elle pourra mettre le lecteur en état d'en faire lui-même les applications.

Pour lire ce traité, il suffit de connoître la première partie de la géométrie élémentaire.

TABLE

DES

MATIÈRES CONTENUES DANS CE VOLUME.

PROGRAMME,   pages 1—4
                                I.

Nº. 1.   *Objet de la géométrie descriptive*,   5
  2—9. *Considérations d'après lesquelles on détermine [la position*
           d'un point situé dans l'espace (Fig. 1—3),   5—15
  10.   *Comparaison de la géométrie descriptive avec l'algèbre,*
                                                          15—16
  11—13. *Convention propre à exprimer les formes et les positions des*
           surfaces. Application au plan,   16—21
  14—22. *Solutions de plusieurs questions élémentaires relatives à la*
           ligne droite et au plan (Fig. 4—11),   21—29

                              I I.

  23—26. *Des plans tangens aux surfaces courbes, et de leurs nor-*
           males,   29—32
  27—31. *Méthode pour mener des plans tangens par des points*
           donnés sur les surfaces (Fig. 12—15).   32—39
  32.   *Des conditions qui déterminent la position du plan tangent*
           à une surface courbe quelconque ; observation sur les
           surfaces développables,   39—41
  33—34. *Des plans tangens aux surfaces, menés par des points*
           donnés dans l'espace,   41—43
           Du plan tangent à la surface d'une ou de plusieurs sphères.
           Propriétés remarquables du cercle, de la sphère, des

sections coniques et des surfaces courbes du second degré
(Fig. 16—22),   pages 44—55
Du plan tangent à une surface cylindrique, conique, à une
    surface de révolution, par des points donnés hors de ces
    surfaces (Fig. 23—25),   55—59

I I I.

Nº. 48.   Des intersections des surfaces courbes. Définitions des
               courbes à double courbure ,   59—60
49—50. Correspondance entre les opérations de la géométrie des-
               criptive et celles de l'élimination algébrique ,   60—62
51—56. Méthode générale pour déterminer les projections des
               intersections de surfaces. Modification de cette méthode
               dans quelques cas particuliers (Fig. 26),   62—66
57—58 Des tangentes aux intersections de surfaces ,   66—68
59—83. Intersections des surfaces, cylindrique , conique , etc.
               Développement de ces intersections lorsque l'une des
               surfaces auxquelles elles appartiennent est développable
               (Fig. 27—35),   68—86
84—87. Méthode de Roberval pour mener une tangente à une
               courbe qui est donnée par la loi du mouvement d'un point
               générateur. Application de cette méthode à l'ellipse et à
               la courbe résultante de l'intersection de deux ellipsoïdes
               de révolution, qui ont un foyer commun (Fig. 36—37),
                                                        86—88

I V.

88—102. Applications des intersections des surfaces à la solution de
               diverses questions (Fig. 38—42),   89—104

V.

103—109. Considérations générales sur l'étendue. Des courbes planes
               et à double courbure , de leurs développées , de leurs
               développantes , de leurs rayons de courbure (Fig. 43—44),
                                                        105—109

Nᵒ. 110-112. *De la surface qui est le lieu géométrique des développées d'une courbe à double courbure ; propriété remarquable des développées, considérées sur cette surface. Génération d'une courbe quelconque à double courbure par un mouvement continu* (Fig. 45),   pages 110—112

113—124. *Des surfaces courbes. Démonstration de cette proposition :*
« *Une surface quelconque n'a dans chacun de ses points*
» *que deux courbures; chacune de ces courbures a un sens*
» *particulier, son rayon particulier, et les deux arcs sur*
» *lesquels se mesurent ces deux courbures sont à angles*
» *droits sur la surface* » (Fig. 46—48),   112—120

125—131. *Des lignes de courbure d'une surface quelconque ; de ses centres de courbure, et de la surface qui en est le lieu géométrique. Application à la division des voûtes en voussoirs et à l'art du graveur* (Fig. 49),   120—128

ADDITIONS.

I.

Suite au nᵒ. 4. *Trois surfaces cylindriques à bases circulaires, qui se coupent, ont en général huit points communs.*

I I.

Suite au nᵒ. 12. *De la génération de la surface gauche. (C'est ainsi qu'on appelle la surface qui enveloppe l'espace parcouru par une droite.) De la surface gauche qui peut être engendrée par une droite de deux manières différentes.*

I I I.

Suite au nᵒ. 30. *Du plan tangent à une surface gauche.*

Fin de la Table des matières.

ERRATA.

Page 24, troisième ligne, au lieu de ces mots *sur la trace* CH, lisez *sur la trace* CB.

Page 42, huitième ligne, au lieu du mot *conço*, lisez *conçoit*.

Page 62, dernière ligne, au lieu du mot *indénis*, lisez *indéfinis*.

Page 101, n°. 100, ligne 23, au lieu de *cercle d d'i*, lisez *cercle e e'h*.

La lettre F employée dans ce numéro, correspond à la lettre F de la fig. 42.

Numéros 104—110, les figures désignées par les nombres 44, 45, 46 correspondent sur les planches aux nombres 43, 44, 45.

PROGRAMME.

Pour tirer la nation française de la dépendance où elle a été jusqu'à présent de l'industrie étrangère, il faut, premièrement, diriger l'éducation nationale vers la connoissance des objets qui exigent de l'exactitude, ce qui a été totalement négligé jusqu'à ce jour, et accoutumer les mains de nos artistes au maniement des instrumens de tous les genres, qui servent à porter la précision dans les travaux et à mesurer ses différens degrés : alors les consommateurs, devenus sensibles à l'exactitude, pourront l'exiger dans les divers ouvrages, y mettre le prix nécessaire ; et nos artistes, familiarisés avec elle dès l'âge le plus tendre, seront en état de l'atteindre.

Il faut, en second lieu, rendre populaire la connoissance d'un grand nombre de phénomènes naturels, indispensable aux progrès de l'industrie, et profiter, pour l'avancement de l'instruction générale de la nation, de cette circonstance heureuse dans laquelle elle se trouve, d'avoir à sa disposition les principales ressources qui lui sont nécessaires.

Il faut enfin répandre parmi nos artistes la connoissance des procédés des arts, et celle des machines qui ont pour objet, ou de diminuer la main-d'œuvre, ou de donner aux résultats des travaux plus d'uniformité et plus de précision ; et à cet égard, il faut l'avouer, nous avons beaucoup à puiser chez les nations étrangères.

On ne peut remplir toutes ces vues qu'en donnant à l'éducation nationale une direction nouvelle.

C'est, d'abord, en familiarisant avec l'usage de la géométrie descriptive tous les jeunes gens qui ont de l'intelligence, tant ceux qui ont une fortune acquise, afin qu'un jour ils soient en état de faire de leurs capitaux un emploi plus utile et pour eux et pour la nation,

A

que ceux même qui n'ont d'autre fortune que leur éducation, afin qu'ils puissent un jour donner un plus grand prix à leur travail.

Cet art a deux objets principaux.

Le premier est de représenter avec exactitude, sur des dessins qui n'ont que deux dimensions, les objets qui en ont trois, et qui sont susceptibles de définition rigoureuse.

Sous ce point de vue, c'est une langue nécessaire à l'homme de génie qui conçoit un projet, à ceux qui doivent en diriger l'exécution, et enfin aux artistes qui doivent eux - mêmes en exécuter les différentes parties.

Le second objet de la géométrie descriptive est de déduire de la description exacte des corps tout ce qui suit nécessairement de leurs formes et de leurs positions respectives. Dans ce sens, c'est un moyen de rechercher la vérité; elle offre des exemples perpétuels du passage du connu à l'inconnu ; et parce qu'elle est toujours appliquée à des objets susceptibles de la plus grande évidence, il est nécessaire de la faire entrer dans le plan d'une éducation nationale. Elle est non-seulement propre à exercer les facultés intellectuelles d'un grand peuple, et à contribuer par-là au perfectionnement de l'espèce humaine, mais encore elle est indispensable à tous les ouvriers dont le but est de donner aux corps certaines formes déterminées ; et c'est principalement parce que les méthodes de cet art ont été jusqu'ici trop peu répandues, ou même presque entièrement négligées, que les progrès de notre industrie ont été si lents.

On contribuera donc à donner à l'éducation nationale une direction avantageuse, en familiarisant nos jeunes artistes avec l'application de la géométrie descriptive aux constructions graphiques qui sont nécessaires au plus grand nombre des arts, et en faisant usage de cette géométrie pour la représentation et la détermination des élémens des machines, au moyen desquelles l'homme, mettant à contribution les forces de la nature, ne se réserve, pour ainsi dire, dans ses opérations, d'autre travail que celui de son intelligence.

Il n'est pas moins avantageux de répandre la connoissance des phénomènes de la nature , qu'on peut tourner au profit des arts.

Le charme qui les accompagne pourra vaincre la répugnance que les hommes ont en général pour la contention d'esprit , et leur faire trouver du plaisir dans l'exercice de leur intelligence , que presque tous regardent comme pénible et fastidieux.

Ainsi il doit y avoir à l'école normale un cours de géométrie descriptive.

Mais comme nous n'avons sur cet art aucun ouvrage élémentaire bien fait , soit parce que jusqu'ici les savans y ont mis trop peu d'intérêt , soit parce qu'il n'a été pratiqué que d'une manière obscure par des citoyens dont l'éducation n'avoit pas été assez soignée , et qui ne savoient pas communiquer les résultats de leurs méditations , un cours simplement oral seroit absolument sans effet.

Il est donc nécessaire pour le cours de géométrie descriptive , que la pratique et l'exécution soient jointes à l'audition des méthodes.

Ainsi ceux des citoyens dont les études antérieures auroient été dirigées vers la géométrie, ou vers les autres sciences exactes , seront exercés dans des salles particulières aux constructions graphiques de la géométrie descriptive.

Les deux parties de cet art ont des méthodes générales , avec lesquelles les citoyens se familiariseront par l'usage de la règle et du compas , et sans lesquelles il seroit difficile qu'ils se missent en état de l'enseigner eux-mêmes.

Parmi les différentes applications que l'on peut faire de la méthode des projections, il y en a deux qui sont remarquables , et par leur généralité , et par ce qu'elles ont d'ingénieux : ce sont les constructions de la perspective , et la détermination rigoureuse des ombres dans les dessins. Ces deux parties peuvent être considérées comme le complément de l'art de décrire les objets. On y exercera ces citoyens ; parce

A 2

qu'étant destinés à enseigner un jour les procédés de la géométrie des-criptive, il est nécessaire qu'ils en connoissent toutes les ressources.

Ensuite on appliquera la méthode des projections aux constructions graphiques, nécessaires au plus grand nombre des arts, tels que les traits de la coupe des pierres, ceux de la charpenterie, etc.

Enfin le reste de la durée du cours sera employé, d'abord à la des-cription des élémens des machines, afin d'en étudier les formes et les effets, et ensuite à celle des machines dont il est le plus important de répandre la connoissance, soit que les machines aient pour objet de donner au travail plus de précision et plus d'uniformité, soit qu'elles aient pour but d'employer à la production d'un certain travail les forces de la nature, et par là d'augmenter la puissance nationale.

GÉOMÉTRIE

DESCRIPTIVE.

I.

1. La géométrie descriptive a deux objets : le premier, de donner les méthodes pour représenter sur une feuille de dessin qui n'a que deux dimensions, savoir, longueur et largeur, tous les corps de la nature, qui en ont trois, longueur, largeur et profondeur, pourvu néanmoins que ces corps puissent être définis rigoureusement.

Le second objet est de donner la manière de reconnoître d'après une description exacte les formes des corps, et d'en déduire toutes les vérités qui résultent et de leur forme et de leurs positions respectives.

Nous allons d'abord indiquer les procédés qu'une longue expérience a fait découvrir, pour remplir le premier de ces deux objets; nous donnerons ensuite la manière de remplir le second.

2. Les surfaces de tous les corps de la nature pouvant être considérées comme composées de points, le premier pas que nous allons faire dans cette matière doit être d'indiquer la manière dont on exprime la position d'un point dans l'espace.

L'espace est sans limites ; toutes ses parties sont parfaitement semblables, elles n'ont rien qui les caractérise, et aucune d'elles ne peut servir de terme de comparaison pour indiquer la position d'un point.

Ainsi, pour définir la position d'un point dans l'espace, il faut nécessairement rapporter cette position à quelques autres objets, distincts des parties de l'espace qui les renferme, et qui soient eux-mêmes connus de position, tant de celui qui définit, que de celui qui veut entendre la définition ; et pour que le procédé puisse devenir lui-même d'un

usage facile et journalier, il faut que ces objets soient aussi simples qu'il
est possible, et que leur position soit la plus facile à concevoir.

3. Parmi tous les objets simples, nous allons rechercher quels sont ceux
qui présentent plus de facilité pour la détermination de la position d'un
point ; et parce que la géométrie n'offre rien de plus simple qu'un point,
nous examinerons dans quel genre de considérations on seroit entraîné,
si, pour déterminer la position d'un point, on le rapportoit à un certain
nombre d'autres points dont la position seroit connue ; enfin, pour mettre
plus de clarté dans cette exposition, nous désignerons ces points connus
par les lettres successives A, B, C, etc.

Supposons d'abord, que la définition de la position du point com-
porte qu'il soit à un mètre de distance du point connu A.

Tout le monde sait que la propriété de la surface de la sphère est
d'avoir tous ses points à égale distance de son centre. Ainsi cette partie
de la définition exprime que le point que l'on veut déterminer a la
même propriété que tous ceux de la surface d'une sphère dont le centre
seroit au point A, et dont le rayon seroit un mètre. Mais les points de
la surface de la sphère sont les seuls dans tout l'espace qui aient cette
propriété ; car tous les points de l'espace qui sont au-delà de cette surface par rapport au centre sont plus éloignés du centre que d'un mètre,
et tous ceux qui sont entre cette surface et le centre sont au contraire
moins éloignés du centre que d'un mètre : donc tous les points de la
surface de la sphère non-seulement jouissent de la propriété énoncée
dans la proposition, mais encore ils sont les seuls qui en jouissent ; donc
enfin cette proposition exprime que le point cherché est un de ceux de
la surface d'une sphère dont le centre seroit au point A, et dont le rayon
seroit un mètre. Par-là ce point est actuellement distinct d'une infinité d'autres placés dans l'espace ; mais il est encore confondu avec tous
ceux de la surface de la sphère, il faut d'autres conditions pour le reconnoître parmi eux.

Supposons ensuite que, d'après la définition de la position du point,
il doive être à deux mètres de distance du second point connu B : il
est évident qu'en raisonnant pour cette seconde condition comme pour
la première, le point doit encore être un de ceux de la surface d'une
seconde sphère, dont le centre seroit au point B, et dont le rayon

seroit deux mètres. Ce point, devant se trouver en même temps et sur la surface de la première sphère et sur celle de la deuxième , ne peut plus être confondu qu'avec ceux qui sont communs aux deux surfaces , et qui sont dans leur commune intersection : or , pour peu qu'on soit familiarisé avec les considérations géométriques , on sait que l'inter-section des surfaces de deux sphères est la circonférence d'un cercle , dont le centre est sur la droite qui joint ceux des deux sphères , et dont le plan est perpendiculaire à cette droite ; donc , en vertu des deux con-ditions réunies , le point cherché est actuellement distinct de ceux qui sont sur les surfaces des deux sphères , et il ne peut plus être confondu qu'avec ceux de la circonférence du cercle , qui jouissent tous des deux conditions énoncées et qui en jouissent seuls. Il faut donc encore une troisième condition pour le distinguer.

Supposons , enfin , que le point doive se trouver à trois mètres de dis-tance d'un troisième point C , connu. Cette troisième condition le place parmi tous ceux de la surface d'une troisième sphère , dont le centre seroit au point C , et dont le rayon seroit trois mètres. Et parce que nous avons vu qu'il doit être sur la circonférence d'un cercle connu de position , pour satisfaire en même temps aux trois conditions , il faut qu'il soit un des points communs et à la surface de la troisième sphère et à la circonférence du cercle : or on sait qu'une circonférence du cercle et la surface d'une sphère ne peuvent se couper qu'en deux points ; donc , en vertu des trois conditions , le point se trouve distingué de tous ceux de l'espace , et ne peut plus être que l'un de deux points déter-minés ; en sorte qu'en indiquant de plus de quel côté il est placé par rapport au plan qui passe par les trois centres , ce point est absolument déterminé , et ne peut plus être confondu avec aucun autre.

On voit qu'en employant , pour déterminer la position d'un point dans l'espace , ses distances à d'autres points connus , et dont le nombre est nécessairement trois , l'on est entraîné dans des considérations qui ne sont pas assez simples pour servir de base à des procédés d'un usage habituel.

4. Recherchons actuellement quelles seroient les considérations aux-quelles on seroit conduit , si , au lieu de rapporter la position d'un point à trois autres points connus , on le rapportoit à des droites don-nées de position.

Nous ferons observer auparavant, qu'une ligne droite ne doit jamais être considérée comme terminée, et qu'elle peut toujours être indéfiniment prolongée dans l'un et dans l'autre sens.

Pour simplifier, nous nommerons successivement A, B, C, etc., les droites que nous serons obligés d'employer.

Si de la définition de la position du point il résulte qu'il doive se trouver, par exemple, à un mètre de distance de la première droite connue A, on énonce que ce point est l'un de ceux de la surface d'un cylindre à base circulaire, dont l'axe seroit la droite A, dont le rayon seroit un mètre, et qui seroit indéfiniment prolongé dans les deux sens de sa longueur ; car tous les points de cette surface jouissent de la propriété énoncée dans la définition, et sont les seuls qui en jouissent. Par-là, le point est distingué de tous les points de l'espace qui sont en dehors de la surface cylindrique ; il est pareillement distingué de tous ceux qui sont dans l'intérieur du cylindre, et il ne peut être confondu qu'avec ceux de la surface cylindrique, parmi lesquels on ne peut le distinguer qu'au moyen de conditions nouvelles.

Supposons donc que le point cherché doive, en outre, être placé à deux mètres de distance de la seconde ligne droite B : on voit de même que par-là on place ce point sur la surface d'un second cylindre à base circulaire, dont l'axe seroit la ligne droite B, et dont le rayon seroit deux mètres, mais avec tous les points de laquelle il est confondu, si l'on ne considère que la seconde condition seule. En réunissant ces deux conditions, il doit donc se trouver en même temps et sur la première surface cylindrique, et sur la seconde : donc il ne peut être que l'un des points communs à ces deux surfaces, c'est-à-dire, l'un de leur commune intersection. Cette ligne, sur laquelle doit se trouver le point, participe de la courbure de la surface du premier cylindre, et de la courbure de celle du second, et est, en général, du genre de celles qu'on appelle courbes à double courbure.

Pour distinguer le point de tous ceux de cette ligne, il faut une troisième condition.

Supposons enfin que la définition énonce que le point demandé doive encore être à trois mètres de distance d'une troisième ligne droite C.

Cette nouvelle condition exprime qu'il est un de ceux de la surface d'un troisième cylindre à base circulaire, dont la troisième ligne droite

C

C seroit l'axe, et qui auroit trois mètres de rayon : donc, en réunissant les trois conditions, le point cherché ne peut plus être qu'un de ceux qui sont communs, et à la troisième surface cylindrique, et à la courbe à double courbure, intersection des deux premières. Or cette courbe peut en général être coupée par la troisième surface cylindrique en huit points ; donc les trois conditions réduisent le point cherché à être l'un de huit points déterminés, et parmi lesquels on ne peut le distinguer que par quelques conditions particulières du genre de celles dont nous avons donné un exemple dans le cas des points.

On voit que les considérations auxquelles on est conduit pour déterminer la position d'un point dans l'espace par la connoissance de ses distances à trois lignes droites connues, sont encore bien moins simples que celles auxquelles donnent lieu ses distances à trois points, et qu'ainsi elles peuvent encore moins servir de base à des méthodes qui doivent être d'un service fréquent.

5. Parmi les objets simples que la géométrie considère, il faut remarquer principalement, 1°. le point qui n'a aucune dimension ; 2°. la ligne droite qui n'en a qu'une ; 3°. le plan qui en a deux. Recherchons s'il ne seroit pas plus simple de déterminer la position d'un point par la connoissance de ses distances à des plans connus, qu'il ne l'est d'employer ses distances à des points ou à des lignes droites.

Supposons donc qu'il y ait dans l'espace, des plans non parallèles, connus de position, et que nous désignerons successivement par les lettres A, B, C, D, etc.

Si, d'après la définition de la position du point, il doit être, par exemple, à un mètre de distance du premier plan A, sans qu'il soit exprimé de quel côté il doit être placé par rapport à ce plan, on énonce qu'il est un de ceux de deux plans parallèles au plan A, placés l'un d'un côté de ce plan, l'autre de l'autre, et tous deux à un mètre de distance du premier : car tous les points de ces deux plans parallèles satisfont à la condition exprimée, et sont, de tous ceux de l'espace, les seuls qui y satisfassent.

Pour distinguer, parmi tous les points de ces deux plans, celui dont on veut définir la position, il faut donc encore avoir recours à d'autres conditions.

B

Supposons, en second lieu, que le point cherché doive être à deux mètres de distance du second plan B : par-là on le place sur deux plans parallèles au plan B, tous deux à deux mètres de distance de ce plan, l'un d'un côté, l'autre de l'autre. Pour satisfaire en même temps aux deux conditions, il faut donc qu'il se trouve, et sur l'un des deux plans parallèles au plan A, et sur l'un des deux plans parallèles au plan B ; et par conséquent, qu'il soit l'un des points de la commune intersection de ces quatre plans. Or, la commune intersection de quatre plans parallèles deux à deux, et de position connue, est l'assemblage de quatre lignes droites également connues de position ; donc, en considérant en même temps ces deux conditions, le point n'est plus confondu avec tous ceux de l'espace, ni même avec tous ceux de quatre plans, mais seulement avec ceux de quatre lignes droites. Enfin, si le point doit être aussi à trois mètres de distance du troisième plan C, on exprime qu'il doit être l'un de ceux de deux autres plans parallèles au plan C, et placés de part et d'autre, par rapport à lui, à trois mètres de distance. Ainsi, en vertu des trois conditions, il doit être en même temps, et sur l'un des deux derniers plans, et sur l'une des quatre lignes droites, intersections des quatre premiers plans : il ne peut donc être que l'un des points communs et à l'un de ces deux plans et à l'une des quatre droites. Or, chacun des deux plans ayant un point commun avec chacune des quatre lignes droites, il y a huit points dans l'espace qui satisfont à la fois aux trois conditions : donc, par ces trois conditions réunies, le point demandé ne peut plus être que l'un des huit points déterminés, et parmi lesquels on ne peut le distinguer qu'au moyen de quelques conditions particulières.

Par exemple, si, en indiquant la distance au premier plan A, on exprime aussi dans quel sens, par rapport à ce plan, la distance doit être prise ; au lieu de deux plans parallèles au plan A, il n'y en a plus qu'un qu'il faille considérer, c'est celui qui est placé par rapport à lui, du côté vers lequel la distance doit être mesurée. De même, si on indique dans quel sens, par rapport au second plan, la distance doit être prise, on exclut la considération d'un des deux plans parallèles au second ; et il n'y en a plus qu'un dont tous les points satisfassent à la seconde condition ; et en réunissant ces conditions, le point ne peut plus être sur les quatre droites d'intersection de quatre plans parallèles deux à deux, mais seulement sur l'intersection de deux plans, c'est-à-dire, sur une ligne droite connue de position. Enfin, si l'on indique aussi de quel côté le point doit être placé par rapport au troisième plan, de deux plans parallèles au troisième il n'y en aura plus qu'un dont tous les points satisfassent à la dernière condition ; et pour satisfaire en même temps à ces trois conditions, le point devra se trouver à l'intersection de ce troisième plan avec la droite unique, intersection des deux premiers. Il ne pourra donc plus être confondu avec aucun autre dans l'espace, et il sera par conséquent entièrement déterminé.

On voit donc que, quoique, par rapport au nombre de ses dimensions, le plan soit un objet moins simple que la ligne droite qui n'en a qu'une, et que le point qui n'en a pas, il présente cependant plus de facilité que le point et la ligne droite pour la détermination d'un point dans l'espace : c'est ce procédé que l'on emploie ordinairement dans l'application de l'algèbre à la géométrie, où, pour chercher la position d'un point, on a coutume de chercher ses distances à trois plans connus de position.

Mais dans la géométrie descriptive, qui a été pratiquée depuis beaucoup plus long-temps par un beaucoup plus grand nombre d'hommes, et par des hommes dont le temps étoit précieux, les procédés se sont encore simplifiés ; et au lieu de la considération de trois plans, on est parvenu, au moyen des projections, à n'avoir plus besoin explicitement que de celle de deux.

6. On appelle projection d'un point sur un plan le pied de la perpendiculaire abaissée du point sur le plan.

Cela posé, si l'on a deux plans connus de position dans l'espace, et si l'on donne, sur chacun de ces plans, la projection du point dont on veut définir la position, ce point sera parfaitement déterminé.

En effet, si par la projection sur le premier plan on conçoit une perpendiculaire à ce plan, il est évident qu'elle passera par le point défini ; de même si, par sa projection sur le second plan, on conçoit une perpendiculaire sur ce plan, elle passera de même par le point défini : donc ce point sera en même temps sur deux lignes droites connues de position dans l'espace ; donc il sera le point unique de leur intersection ; donc enfin il sera parfaitement déterminé.

B 2

Dans les paragraphes suivans, on indiquera les moyens de rendre ce procédé d'un usage facile, et de nature à être employé sur une seule feuille de dessin.

7. *Fig. 1.* Si, de tous les points d'une ligne droite indéfinie A B, placée d'une manière quelconque dans l'espace, on conçoit des perpendiculaires abaissées sur un plan L M N O, donné de position, tous les points de rencontre de ces perpendiculaires avec le plan seront dans une autre ligne droite indéfinie *a b*; car elles seront toutes comprises dans le plan mené par A B perpendiculairement au plan L M N O, et elles ne pourront rencontrer ce dernier que dans l'intersection commune de deux plans, qui, comme on sait, est une ligne droite.

La droite *a b*, qui passe ainsi par les projections de tous les points d'une autre droite A B sur un plan L M N O, est ce qu'on appelle la projection de la droite A B sur ce plan.

Comme deux points suffisent pour déterminer la position d'une ligne droite; pour construire la projection d'une droite, il suffit de construire celles des deux de ses points, et la droite menée par les projections de ces points sera la projection demandée.

Il suit de là que, si la droite proposée est elle-même perpendiculaire au plan de projection, sa projection se réduira à un seul point, qui sera celui de sa rencontre avec le plan.

Fig. 2. Étant données sur deux plans non parallèles L M N O, L M P Q, les projections *a b*, *a' b'*, d'une même droite indéfinie A B, cette droite est déterminée : car, si par l'une des projections *a b* l'on conçoit un plan perpendiculaire à L M N O, ce plan, connu de position, passera nécessairement par la droite A B; de même, si par l'autre projection *a' b'* on conçoit un plan perpendiculaire à L M P Q, ce plan, connu de position, passera par la droite A B. La position de cette droite, qui se trouve en même temps sur deux plans connus, et par conséquent à leur commune intersection, est donc absolument déterminée.

8. Ce que nous venons de dire est indépendant de la position des plans de projections, et a lieu également, quel que soit l'angle que ces deux plans fassent entre eux. Mais si l'angle que forment les deux plans de projections est très-obtus, l'angle que forment entre eux ceux qui leur sont

perpendiculaires, est très-aigu ; et dans la pratique , de petites erreurs pourroient en apporter de très - grandes dans la détermination de la position de la droite. Pour éviter cette cause d'inexactitude , à moins qu'on n'en soit détourné par quelques considérations qui présentent de plus grandes facilités , on fait toujours en sorte que les plans de projections soient perpendiculaires entre eux. De plus , comme la plupart des artistes qui font usage de la méthode des projections sont très-familiarisés avec la position d'un plan horizontal et la direction du fil à plomb , ils ont coutume de supposer que , des deux plans de projections , l'un soit horizontal et l'autre vertical.

La nécessité de faire en sorte que dans les dessins les deux projections soient sur une même feuille , et que dans les opérations en grand elles soient sur une même aire , a encore déterminé les artistes à concevoir que le plan vertical ait tourné autour de son intersection avec le plan horizontal , comme charnière , pour s'abattre sur le plan horizontal , et ne former avec lui qu'un seul et même plan , et à construire leurs projections dans cet état.

Ainsi la projection verticale est toujours tracée de fait sur un plan horizontal , et il faut perpétuellement concevoir qu'elle soit dressée et remise en place , au moyen d'un quart de révolution autour de l'intersection du plan horizontal avec le plan vertical. Pour cela , il faut que cette intersection soit tracée d'une manière très-visible sur le dessin.

Ainsi , dans la *fig.* 2 , la projection $a'b'$ de la droite A B ne s'exécute pas sur un plan qui soit réellement vertical : on conçoit que ce plan ait tourné autour de la droite L M pour s'appliquer en L M P' Q' ; et c'est dans cette position du plan qu'on exécute la projection verticale $a'b'$.

Indépendamment des facilités d'exécution que présente cette disposition , elle a encore l'avantage d'abréger le travail des projections. En effet , supposons que les points a, a' , soient les projections horizontales et verticales du point A , le plan mené par les droites A a, A a' sera en même temps perpendiculaire aux deux plans de projection , puisqu'il passe par des droites qui leur sont perpendiculaires ; il sera donc aussi perpendiculaire à leur commune intersection L M ; et les droites a C, a' C, suivant lesquelles ils coupent ces deux plans , seront elles-mêmes perpendiculaires à L M.

Or, lorsque le plan vertical tourne autour de L M comme charnière, la droite a' C ne cesse pas, dans ce mouvement, d'être perpendiculaire à L M ; et elle lui est encore perpendiculaire, lorsque le plan vertical étant abattu, elle a pris la position C a''. Donc les deux droites a C, C a'', passant toutes deux par le point C, et étant toutes deux perpendiculaires à L M, sont dans le prolongement l'une de l'autre ; il en est de même des droites b D, D b'', par rapport à tout autre point comme B. D'où il suit que, si on a la projection horizontale d'un point, la projection de ce même point sur le plan vertical supposé abattu sera dans la droite, menée par la projection horizontale perpendiculairement à l'intersection L M des deux plans de projection, et réciproquement.

Ce résultat est d'un usage très-fréquent dans la pratique.

9. Jusqu'à présent nous avons regardé la ligne droite A B (*fig.* 2) comme indéfinie, et alors nous n'avions à nous occuper que de sa direction : mais il peut se faire que cette droite soit considérée comme terminée par deux de ses points A, B ; et alors on peut de plus avoir besoin de connoître sa grandeur. Nous allons voir comment on peut la déduire de la connoissance de ses deux projections.

Lorsqu'une droite est parallèle à un des deux plans sur lesquels elle est projetée, sa longueur est égale à celle de sa projection sur ce plan ; car la droite et sa projection, étant toutes deux terminées à deux perpendiculaires au plan de projection, sont parallèles entre elles, et comprises entre parallèles. Ainsi, dans ce cas particulier, la projection étant donnée, la longueur de la droite qui lui est égale est aussi donnée.

On est assuré qu'une droite est parallèle à un des deux plans de projection, lorsque sa projection sur l'autre est parallèle au premier de ses plans.

Si la droite est en même temps oblique aux deux plans, sa longueur est plus grande que celle de chacune de ses projections ; mais elle peut en être déduite par une construction très-simple.

Fig. 2. Soit A B la ligne droite, dont les deux projections $a b$, $a' b'$ en soient données, et dont il faille trouver la longueur ; si par une de ses extrémités A, et dans le plan vertical qui passe par la droite, on conçoit une horizontale A E, prolongée jusqu'à ce qu'elle rencontre en E la verticale abaissée par l'autre extrémité, on formera un triangle rectangle A E B, qu'il s'agit de construire pour avoir la longueur de la droite A B, qui en est l'hypoténuse. Or, dans ce triangle, indépendamment de l'angle droit, on connoît le côté A E, qui est égal à la projection donnée $a b$. De plus, si dans le plan vertical on mène par le point a' une horizontale $a' e$, qui sera la projection de A E, elle coupera la verticale $b' D$, en un point e, qui sera la projection du point E. Ainsi $b' e$ sera la projection verticale de B E, et sera par conséquent de même longueur qu'elle. Donc, connoissant les deux côtés de l'angle droit, il sera facile de construire le triangle, dont l'hypoténuse donnera la longueur de A B.

La *figure* 2, étant en perspective, n'a aucun rapport avec les constructions de la méthode des projections : nous allons donner ici la construction de cette première question dans toute sa simplicité.

Fig. 3. La droite L M étant supposée l'intersection des deux plans de projections, et les droites $a b$, $a'' b''$ étant les projections données d'une ligne droite; pour trouver la longueur de cette droite par le point a'', on menera l'horizontale indéfinie H e, qui coupera la droite $b b''$ en un point e, et sur laquelle, à partir de ce point, on portera $a b$ de e en H. On mènera l'hypoténuse H b'', et la longueur de cette hypoténuse sera celle de la droite demandée.

Comme les deux plans de projections sont rectangulaires, l'opération que l'on vient de faire sur un de ces plans pouvoit être faite sur l'autre, et auroit donné le même résultat.

D'après ce qui précède, on voit que si l'on a les deux projections d'un corps terminé par des faces planes, par des arêtes rectilignes, et par des sommets d'angles solides, projections qui se réduisent aux systêmes de celles des arêtes rectilignes, il sera facile d'en conclure la longueur de telle de ses dimensions qu'on voudra : car, ou cette dimension sera parallèle à un des deux plans de projections, ou elle sera en même temps oblique aux deux; dans le premier cas, la longueur demandée de la dimension sera égale à sa projection; dans le second, on la déduira de ses deux projections par le procédé que nous venons de décrire.

10. Ce seroit ici le lieu d'indiquer la manière dont se construisent

les projections des solides terminés par des plans et des arêtes rectilignes ; mais il n'y a pour cette opération aucune règle générale ; on
sent en effet que, selon la manière dont la position des sommets des
angles d'un solide est définie, la construction de leurs projections peut
être plus ou moins facile, et que la nature de l'opération doit dépendre
de celle de la définition. Il en est précisément de cet objet comme
de l'algèbre, dans laquelle il n'y a aucun procédé général pour mettre
un problème en équations. Dans chaque cas particulier, la marche dépend de la manière dont la relation entre les quantités données et celles
qui sont inconnues est exprimée ; et ce n'est que par des exemples
variés que l'on peut accoutumer les commençans à saisir ces relations
et à les écrire par des équations. Il en est de même pour la géométrie
descriptive. Ce sera par des exemples nombreux et par l'usage de la règle
et du compas dans nos salles d'exercice, que nous acquerrons l'habitude des constructions, et que nous nous accoutumerons au choix des
méthodes les plus simples et les plus élégantes dans chaque cas parti-
lier. Mais aussi, de même qu'en analyse, lorsqu'un problème est mis
en équation, il existe des procédés pour traiter ces équations et pour
en déduire les valeurs de chaque inconnue ; de même aussi, dans la géométrie descriptive, lorsque les projections sont faites, il existe des méthodes générales pour construire tout ce qui résulte de la forme et de
la position respective des corps.

Ce n'est pas sans objet que nous comparons ici la géométrie descriptive à l'algèbre ; ces deux sciences ont les rapports les plus intimes. Il
n'y a aucune construction de géométrie descriptive qui ne puisse être
traduite en analyse ; et lorsque les questions ne comportent pas plus de
trois inconnues, chaque opération analytique peut être regardée comme
l'écriture d'un spectacle en géométrie.

Il seroit à desirer que ces deux sciences fussent cultivées ensemble :
la géométrie descriptive porteroit dans les opérations analytiques les
plus compliquées l'évidence qui est son caractère, et, à son tour, l'analyse
porteroit dans la géométrie la généralité qui lui est propre.

11. La convention qui sert de base à la méthode des projections
est propre à exprimer la position d'un point dans l'espace, à exprimer
celle

celle d'une ligne droite indéfinie ou terminée, et par conséquent à représenter la forme et la position d'un corps terminé par des faces planes, par des arêtes rectilignes et par des sommets d'angles solides, parce que, dans ce cas, le corps est entièrement connu, quand on connoît la position de toutes ses arêtes et celle des sommets de tous ses angles. Mais si le corps étoit terminé, ou par une surface courbe unique, et dont tous les points fussent assujettis à une même loi, comme dans le cas de la sphère, ou par l'assemblage discontinu de plusieurs parties de surfaces courbes différentes, comme dans le cas d'un corps façonné sur le tour ; cette convention non-seulement seroit incommode, impraticable, et n'auroit pas l'avantage de faire image, mais, encore elle manqueroit de fécondité et elle seroit insuffisante.

D'abord il est facile de voir que la convention que nous avons faite seroit incommode et même impraticable, si elle étoit seule : car pour exprimer la position de tous les points d'une surface courbe, il faudroit non-seulement que chacun d'eux fût indiqué par sa projection horizontale et par sa projection verticale : mais encore que les deux projections d'un même point fussent liées entre elles, afin qu'on ne fût pas exposé à combiner la projection horizontale d'un certain point avec la projection verticale d'un autre ; et la manière la plus simple de lier entre elles ces deux projections étant de les joindre par une même droite perpendiculaire à la ligne d'intersection des deux plans de projections, on surchargeroit les dessins d'un nombre prodigieux de lignes, qui y jetteroient une confusion d'autant plus grande, qu'on voudroit approcher davantage de l'exactitude. Nous allons faire voir ensuite que cette méthode seroit insuffisante, et qu'elle manqueroit de la fécondité nécessaire.

Parmi le nombre infini de surfaces courbes différentes, il en existe quelques-unes qui ne s'étendent que dans une partie finie et circonscrite de l'espace, et dont les projections ont une étendue limitée dans toutes les directions ; celle de la sphère, par exemple, est dans ce cas. L'étendue de sa projection sur un plan se réduit à celle d'un cercle de même rayon que la sphère ; et on peut concevoir que le plan sur lequel on doit en faire la projection, ait des dimensions assez grandes pour la recevoir. Mais toutes les surfaces cylindriques sont indéfinies dans une

C

certaine direction , comme la droite qui leur sert de génératrice. Le plan lui-même, qui est la plus simple des surfaces , est indéfini dans deux sens. Enfin il existe un grand-nombre de surfaces dont les nappes multipliées s'étendent en même temps dans toutes les régions de l'espace. Or, les plans sur lesquels on exécute les projections ont nécessairement une étendue limitée. Si donc on n'avoit d'autre moyen pour faire connoître la nature d'une surface courbe , que les deux projections de chacun des points par lesquels elle passe , ce moyen ne seroit applicable qu'à ceux des points de la surface qui correspondroient à l'étendue des plans de projections ; tous ceux qui seroient au-delà ne pourroient être ni exprimés ni connus : ainsi la méthode seroit insuffisante. Enfin elle manqueroit de fécondité , parce qu'on ne pourroit en déduire rien de ce qui seroit relatif aux plans tangens de la surface , à ses normales, à ses deux courbures en chaque point, à ses lignes d'inflexion , à ses arêtes de rebroussement, à ses lignes multiples , à ses points multiples, à toutes les affections enfin qu'il est nécessaire de considérer , dès qu'on veut opérer sur une surface courbe.

Il a donc fallu avoir recours à une convention nouvelle qui fût compatible avec la première , et qui pût la suppléer par-tout où elle auroit été insuffisante. C'est cette convention nouvelle que nous allons exposer.

12. Il n'y a aucune surface courbe qui ne puisse être regardée comme engendrée par le mouvement d'une ligne courbe , ou constante de forme lorsqu'elle change de position , ou variable en même temps et de forme et de position dans l'espace. Comme cette proposition pourroit être difficile à comprendre à cause de sa généralité , nous allons l'expliquer sur quelques-uns des exemples avec lesquels nous sommes déja familiarisés.

Les surfaces cylindriques peuvent être engendrées de deux manières principales , ou par le mouvement d'une ligne droite qui reste toujours parallèle à une droite donnée pendant qu'elle se meut, en s'appuyant toujours sur une courbe donnée , ou par le mouvement de la courbe qui servoit de conductrice dans le premier cas, et qui se meut de manière que , s'appuyant toujours par le même point sur une droite donnée , tous ses autres points décrivent des lignes parallèles à cette droite. Dans l'une et l'autre de ces deux générations , la ligne génératrice , qui est une droite dans le premier cas, et une courbe quelconque dans le second, est constante de forme : elle ne fait que changer de position dans l'espace.

Les surfaces coniques ont de même deux générations principales.

On peut d'abord les regarder comme engendrées par une droite indéfinie qui, étant assujettie à passer toujours par un point donné, se meut de manière qu'elle s'appuie constamment sur une courbe donnée qui la dirige dans son mouvement. Le point unique par lequel passe toujours la droite est le centre de la surface; c'est improprement qu'on lui a donné le nom de sommet. Dans cette génération, la ligne génératrice est encore constante de forme ; elle ne cesse jamais d'être une ligne droite.

On peut ensuite engendrer les surfaces coniques d'une autre manière, que, pour plus de simplicité, nous n'appliquerons ici qu'au cas de celles qui sont à bases circulaires. Les surfaces peuvent être regardées comme parcourues par la circonférence d'un cercle qui se meut de manière que son plan restant toujours parallèle à lui-même, et son centre se trouvant toujours sur la droite dirigée au sommet, son rayon dans chaque instant du mouvement soit proportionnel à la distance de son centre au sommet. On voit que si, dans son mouvement, le plan du cercle tend à s'approcher du sommet de la surface, le rayon du cercle décroît pour devenir nul lorsque le plan passe par le sommet, et que ce rayon change de sens pour croître ensuite indéfiniment, lorsque le plan, après avoir passé par le sommet, s'en écarte de plus en plus. Dans cette seconde génération, non seulement la circonférence du cercle, qui est la courbe génératrice, change de position ; elle change encore de forme à chaque instant de son mouvement, puisqu'elle change de rayon, et par conséquent de courbure et d'étendue.

Citons enfin un troisième exemple.

Une surface de révolution peut être engendrée par le mouvement d'une courbe plane qui tourne autour d'une ligne droite placée d'une manière quelconque dans son plan. Dans cette manière de la considérer, sa courbe génératrice est constante de forme ; elle est seulement variable de position. Mais aussi on peut la regarder comme engendrée par la circonférence d'un cercle qui se meut de manière que son centre étant toujours sur l'axe, et son plan étant toujours perpendiculaire à cet axe, son rayon soit à chaque instant égal à la distance du point où le plan du cercle coupe l'axe, à celui où il coupe une courbe quelconque donnée dans l'espace. Alors la courbe génératrice change en même temps et de forme et de position.

Ces trois exemples doivent suffire pour faire comprendre que toutes les surfaces courbes peuvent être engendrées par le mouvement de certaines lignes courbes, et qu'il n'y en a aucune dont la forme et la position ne puissent être entièrement déterminées par la définition exacte et complète de sa génération. C'est cette nouvelle considération qui forme le complément de la méthode des projections. Nous aurons souvent occasion, par la suite, de nous assurer et de sa simplicité et de sa fécondité.

Ce n'est donc pas en donnant les projections des points individuels par lesquels passe une surface courbe, que l'on en détermine la forme et la position, mais en mettant à portée de construire pour un point quelconque la courbe génératrice, suivant la forme et la position qu'elle doit avoir en passant par ce point. Sur quoi il faut observer, 1°. que chaque surface courbe pouvant être engendrée d'un nombre infini de manières différentes, il est de l'adresse et de la sagacité de celui qui opère, de choisir, parmi toutes les générations possibles, celle qui emploie la courbe la plus simple, et qui exige les considérations les moins pénibles ; 2°. qu'un long usage a appris qu'au lieu de ne considérer pour chaque surface courbe qu'une seule de ses générations, ce qui exigeoit l'étude de la loi du mouvement et celle du changement de forme de sa génération, il est souvent plus simple de considérer en même temps deux générations différentes, et d'indiquer pour chaque point la construction des deux courbes génératrices.

Ainsi dans la géométrie descriptive, pour exprimer la forme et la position d'une surface courbe, il suffit, pour un point quelconque de cette surface, et dont une des projections peut être prise à volonté, de donner la manière de construire les projections horizontales et verticales de deux génératrices différentes qui passent par ce point.

13. Appliquons actuellement ces généralités au plan, qui, de toutes les surfaces, est la plus simple, et celle dont l'emploi est le plus fréquent.

Le plan est engendré par une première droite donnée d'abord de position, et qui se meut de manière que tous ses points décrivent des droites parallèles à une seconde droite donnée. Si la seconde droite est elle-même dans le plan que l'on considère, on peut dire aussi que ce plan est engendré par la seconde droite, qui se meut de manière que tous ses points décrivent des droites parallèles à la première.

On a donc l'idée de la position d'un plan par la considération de deux lignes droites, dont chacune peut être regardée comme sa génératrice. La position de ces deux droites, dans le plan qu'elles peuvent engendrer, est absolument indifférente : il ne s'agit donc, pour la méthode des projections, que de choisir celles qui exigent les constructions les plus simples. C'est pour cela que dans la géométrie descriptive, on indique la position d'un plan en donnant les deux droites suivant lesquelles il coupe les plans de projections. Il est facile de reconnoître que ces deux droites doivent rencontrer en un même point l'intersection des deux plans de projections, et que par conséquent ce point est celui où elles se rencontrent elles-mêmes.

Comme il arrivera très-fréquemment que nous ayons des plans à considérer, pour abréger le langage nous donnerons le nom de *traces* aux droites selon lesquelles chacun d'eux coupera les plans de projections, et qui serviront à indiquer sa position.

14. Ces préliminaires étant posés, nous allons passer aux solutions de plusieurs questions successives, qui rempliront le double objet de nous exercer à la méthode des projections, et de nous procurer les moyens de faire ensuite de nouveaux progrès dans la géométrie descriptive.

Première question. Étant donné (*fig.* 4.) un point dont les projections soient D, *d*, et une droite dont les projections soient A B et *a b*, construire les projections d'une seconde droite menée par le point donné parallèlement à la première ?

Solution. Les deux projections horizontales de la droite donnée et de la droite cherchée doivent être parallèles entre elles; car elles sont les intersections de deux plans verticaux parallèles, par un même plan. Il en est de même des projections verticales des mêmes droites. De plus, la droite demandée devant passer par le point donné, ses projections doivent passer respectivement par celles du même point. Donc, si par le point D on mène E F parallèle à A B, et si par le point *d* on mène *ef* parallèle à *a b*, les droites E F et *ef* seront les projections demandées.

15. *Seconde question.* Étant donné (*fig.* 5) un plan dont les deux traces soient A B, B C, et un point dont les projections soient G, *g*, construire les traces d'un second plan mené par le point donné parallèlement au premier?

Solution. Les traces du plan demandé doivent être parallèles aux traces respectives du plan donné, puisque ces traces, considérées deux à deux, sont les intersections de deux plans parallèles par un même plan. Il ne reste donc plus à trouver, pour chacune d'elles, qu'un seul des points par lesquels elle doit passer. Pour cela, par le point donné, concevons une droite horizontale qui soit dans le plan cherché; cette droite sera parallèle à la trace A B, et elle coupera le plan vertical en un point, qui sera un de ceux de la trace du plan cherché sur le vertical; et l'on aura ses deux projections en menant par le point *g* l'horizontale indéfinie *g* F, et par le point G la droite G I, parallèle à A B. Si l'on prolonge G I jusqu'à ce qu'elle rencontre l'intersection L M des deux plans de projections en un point I, ce point sera la projection horizontale de l'intersection de la droite horizontale avec le plan vertical. Donc ce point d'intersection se trouvera sur la verticale I F, menée par le point I. Mais il doit aussi se trouver sur *g* F; donc il se trouvera au point F d'intersection de ces deux dernières droites. Donc enfin, si par le point F on mène une parallèle à B C, elle sera, sur le plan vertical, la trace du plan cherché; et si, après avoir prolongé cette trace jusqu'à ce qu'elle rencontre L M en un point E, on mène E D parallèle à A B, on aura la trace du même plan sur le plan horizontal.

Au lieu de concevoir sur le plan cherché une droite horizontale, on auroit pu concevoir une parallèle au plan vertical; ce qui, par un raisonnement absolument semblable, auroit donné la construction suivante :

On mènera par le point G, et parallèlement à L M, la droite indé-finie G D; par le point g on mènera g H parallèle à C B, et on la prolongera jusqu'à ce qu'elle coupe L M en un point H, par lequel on mène H D perpendiculaire à L M: cette dernière coupera G D en un point D, par lequel, si l'on mène une parallèle à A B, on aura une des traces du plan demandé; et si, après avoir prolongé cette trace jusqu'à ce qu'elle rencontre L M en un point E, on mène E F parallèle à B C, on aura la trace sur le plan vertical.

16. *Troisième question.* Étant donné (*fig.* 6) un plan dont les deux traces soient A B, B C, et un point dont les deux projections soient D, d, construire, 1°. les projections de la droite abaissée perpendiculairement du point sur le plan; 2°. celle du point de rencontre de la droite et du plan ?

Solution. Les perpendiculaires D G, dg, abaissées des points D et d sur les traces respectives du plan, seront les projections indéfinies de la droite demandée; car, si par la perpendiculaire on conçoit un plan vertical, ce plan coupera le plan horizontal et le plan donné en deux droites qui seront l'une et l'autre perpendiculaires à la commune intersection A B de ces deux plans : or la première de ces droites étant la projection du plan vertical, est aussi celle de la perpendiculaire qu'il renferme; donc la projection de cette perpendiculaire doit passer par le point D, et être perpendiculaire à A B.

La même démonstration a lieu pour la projection verticale.

Quant au point de rencontre de la perpendiculaire et du plan, il est évident qu'il doit se trouver sur l'intersection de ce plan, avec le plan vertical mené par la perpendiculaire; intersection qui est projetée in-définiment sur E F. Si l'on avoit la projection verticale fe de cette intersection, elle contiendroit celle du point demandé; et parce que ce point doit aussi être projeté sur la droite dg, il se trouveroit à l'intersection g des deux droites fe et dg. Il ne reste donc plus à trouver que la droite fe: or l'intersection du plan donné avec le plan vertical qui lui est perpendiculaire, rencontre le plan horizontal au point E, dont on aura la projection verticale e, en abaissant E e per-pendiculairement sur L M; et elle rencontre le plan vertical de projection en un point dont la projection horizontale est l'intersection de la droite L M avec D G, prolongée, s'il est nécessaire, et dont la projection verticale doit être et sur la verticale Ff et sur la trace C H; elle sera donc au point f de leur intersection.

La projection verticale g du pied de la perpendiculaire étant trouvée, il est facile de construire sa projection horizontale; car si l'on abaisse sur L M la perpendiculaire indéfinie g G, cette droite contiendra le point demandé : or la droite D F doit aussi le contenir; donc il sera au point G de l'intersection de ces deux droites.

17. *Quatrième question.* Étant donnée (*fig.* 7) une droite dont les deux projections soient A B, $a\,b$, et un point dont les deux projections soient D, d, construire les traces du plan mené par le point perpendiculairement à la droite?

Solution. On sait déja, par la question précédente, que les deux traces doivent être perpendiculaires aux projections respectives des deux droites; il reste à trouver, pour chacune d'elles, un des points par lesquels elle doit passer. Pour cela, si par le point donné on conçoit, dans le plan cherché, une horizontale prolongée jusqu'à la rencontre du plan vertical de projection , on aura sa projection verticale en menant par le point d une horizontale indéfinie d G, et sa projection horizontale en menant par le point D une perpendiculaire à A B, prolongée jusqu'à ce qu'elle coupe L M en un point H, qui sera la projection horizontale du point de rencontre de l'horizontale avec le plan vertical de projection. Ce point de rencontre qui doit se trouver dans la verticale H G et dans l'horizontale d G, et par conséquent au point G d'intersection de ces deux droites, sera donc un des points de la trace sur le plan vertical ; donc on aura cette trace en menant par le point G la droite F C perpendiculaire à $a\,b$; donc enfin, si par le point C, où la première trace rencontre L M, on mène C E perpendiculaire à A B, on aura la seconde trace demandée.

S'il étoit question de trouver le point de rencontre du plan avec la droite, on opéreroit exactement comme dans la question précédente.

Enfin , s'il falloit abaisser une perpendiculaire du point donné sur la droite, on construiroit, comme nous venons de le dire, la rencontre

de

de la droite avec le plan mené par le point donné, et qui lui seroit perpendiculaire; et on auroit, pour chacune des deux projections de la perpendiculaire demandée, deux points par lesquels elle doit passer.

18. *Cinquième question.* Deux plans étant donnés de position (*fig.* 8), au moyen de leurs traces A B et A *b* pour l'un, C D et C*d* pour l'autre, construire les projections de la droite suivant laquelle ils se coupent ?

Solution. Tous les points de la trace A B se trouvant sur le premier des deux plans donnés, et tous ceux de la trace C D se trouvant sur le second, le point E d'intersection de ces deux traces est évidemment sur les deux plans ; il est par conséquent un des points de la droite demandée. On reconnoîtra de même que le point F d'intersection des deux traces sur le plan vertical est encore un autre point de cette droite. L'intersection des deux plans est donc placée de manière qu'elle rencontre le plan horizontal en E, et le plan vertical en F.

Donc, si l'on projette le point F sur le plan horizontal, ce qu'on fera en abaissant sur L M la perpendiculaire F*f*, et si l'on mène la droite *f* E, elle sera la projection horizontale de l'intersection des deux plans. De même, si l'on projette le point E sur le plan vertical en abaissant sur L M la perpendiculaire E *e*, et si l'on mène la droite *e* F, elle sera la projection verticale de la même intersection.

19. *Sixième question.* Deux plans (*fig.* 9) étant donnés, au moyen des traces A B, A *b* du premier, et des traces C D, C *d* du second, construire l'angle qu'ils forment entre eux ?

Solution. Après avoir construit, comme dans la question précédente, la projection horizontale E*f* de l'intersection des deux plans ; si l'on conçoit un troisième plan qui leur soit perpendiculaire, et qui soit par conséquent perpendiculaire à leur commune intersection ; ce troisième plan coupera les deux plans donnés en deux droites, qui comprendront entre elles un angle égal à l'angle demandé.

De plus, la trace horizontale de ce troisième plan sera perpendiculaire à la projection E*f* de l'intersection des deux plans donnés, et elle formera, avec les deux autres droites, un triangle dont l'angle opposé

D

au côté horizontal sera l'angle demandé. Il ne s'agit donc plus que de construire ce triangle.

Or, il est indifférent par quel point de l'intersection des deux premiers plans passe le troisième ; on peut donc prendre sa trace à volonté sur le plan horizontal, pourvu qu'elle soit perpendiculaire à E f. Soit donc menée une droite quelconque G H, perpendiculaire à E f, terminée en G et en H aux traces des deux plans donnés, et qui rencontre E f en un point I, cette droite sera la base du triangle qu'il faut construire. Actuellement concevons que le plan de ce triangle tourne autour de sa base G H comme charnière, pour s'appliquer sur le plan horizontal ; dans ce mouvement, son sommet, qui est d'abord placé sur l'intersection des deux plans, ne sort pas du plan vertical mené par cette intersection, parce que ce plan vertical est perpendiculaire à G H ; et lorsque le plan du triangle est abattu, ce sommet se trouve sur un des points de la droite E f. Ainsi il ne reste plus à trouver que la hauteur du triangle, ou la grandeur de la perpendiculaire abaissée du point I sur l'intersection de deux plans.

Mais cette perpendiculaire est comprise dans le plan vertical mené par E f. Si donc on conçoit que ce plan tourne autour de la verticale f F pour s'appliquer sur le plan vertical de projection, et si l'on porte f E de f en e, f I de f en i, la droite e F sera la grandeur de la partie de l'intersection comprise entre les deux plans de projection ; et si du point i l'on abaisse sur cette droite la perpendiculaire $i\,k$, elle sera la hauteur du triangle demandé.

Donc enfin portant $i\,k$ de I en K, et achevant le triangle G K H, l'angle en K sera égal à l'angle formé par les deux plans.

20. *Septième question.* Deux droites qui se coupent dans l'espace (*fig.* 10), étant données par leurs projections horizontales A B, A C, et par leurs projections verticales $a\,b$, $a\,c$, construire l'angle qu'elles forment entre elles ?

Avant de procéder à la solution, nous remarquerons que, puisque les deux droites données sont supposées se couper, le point A de rencontre de leurs projections horizontales, et le point a de rencontre de leurs projections verticales seront les projections du point dans lequel elles se coupent, et seront par conséquent dans la même droite a G A perpendiculaire à LM. Si les deux points A et *a* n'étoient pas dans une même perpendiculaire à LM, les droites données ne se couperoient pas, et par conséquent ne seroient pas dans un même plan.

Solution. On concevra les deux droites données prolongées jusqu'à ce qu'elles rencontrent le plan horizontal, chacune en un point, et l'on construira ces deux points de rencontre. Pour cela on prolongera·les droites *a b*, *a c*, jusqu'à ce qu'elles coupent LM en deux points *d*, *c*, qui seront les projections verticales de ces deux points de rencontre : par les points *d*, *e*, on mènera dans le plan horizontal, et perpendiculairement à LM, deux droites indéfinies *d*D, *e*E, qui, devant passer chacune par un de ces points, détermineront leurs positions par leurs intersections D, E avec les projections horizontales respectives AB, AC, prolongées s'il est nécessaire.

Cela fait, si l'on mène la droite DE, cette droite et les deux parties des droites données, comprises entre leur point d'intersection et les points D, E, formeront un triangle, dont l'angle opposé à DE sera l'angle demandé ; ainsi il ne s'agira plus que de construire ce triangle. Pour cela, après avoir abaissé du point A sur DE la perpendiculaire indéfinie AF, si l'on conçoit que le plan du triangle tourne autour de sa base DE comme charnière, jusqu'à ce qu'il soit abattu sur le plan horizontal ; le sommet de ce triangle, pendant son mouvement, ne sortira pas du plan vertical mené par AF, et viendra s'appliquer quelque part sur le prolongement de FA en un point H, dont il ne restera plus à trouver que la distance à la base DE.

Or la projection horizontale de cette distance est la droite AF, et la hauteur verticale d'une de ses extrémités au-dessus de l'autre est égale à *a*G ; donc, en vertu de la *fig.* 3, si sur LM on porte AF de G en *f*, et si l'on mène l'hypoténuse *af*, cette hypoténuse sera la distance demandée. Donc enfin, si l'on porte *af* de F en H, et si par le point H on mène les deux droites HD, HE, le triangle sera construit, et l'angle DHE sera l'angle demandé.

21. *Huitième question.* Étant données les projections d'une droite et les traces d'un plan, construire l'angle que la droite et le plan forment entre eux ?

D 2

Solution. Si par un point pris sur la droite donnée, on conçoit une perpendiculaire au plan donné, l'angle que cette perpendiculaire formera avec la droite donnée, sera le complément de l'angle demandé ; et il suffira de construire cet angle pour résoudre la question.

Or, si sur les deux projections de la droite, on prend deux points qui soient dans la même perpendiculaire à l'intersection des deux plans de projection, et si par ces deux points on mène des perpendiculaires aux traces respectives du plan donné, on aura les projections horizontales et verticales de la seconde droite. La question sera donc réduite à construire l'angle formé par deux droites qui se coupent, et rentrera dans le cas de la précédente.

22. Lorsqu'on se propose de lever la carte d'un pays, on conçoit ordinairement que les points remarquables soient liés entre eux par des lignes droites qui forment des triangles, et il s'agit ensuite de rapporter ces triangles sur la carte, au moyen d'une échelle plus petite, et de les placer entre eux dans le même ordre que ceux qu'ils représentent. Les opérations qu'il faut faire sur le terrain, consistent principalement dans la mesure des angles et de ces triangles ; et pour que ces angles puissent être rapportés directement sur la carte, ils doivent être chacun dans un plan horizontal, parallèle à celui de la carte. Si le plan de l'angle est oblique à l'horizon, ce n'est plus l'angle lui-même qu'il faut rapporter, c'est sa projection horizontale ; et il est toujours possible de trouver cette projection, lorsqu'après avoir mesuré l'angle lui-même, on a de plus mesuré ceux que ses deux côtés forment avec l'horizon ; ce qui donne lieu à l'opération suivante, qui est connue sous le nom de réduction d'un angle à l'horizon.

Neuvième question. Étant donnés l'angle formé par deux droites, et ceux qu'elles forment l'une et l'autre avec le plan horizontal, construire la projection horizontale du premier de ces angles ?

Solution. Soient A (*fig.* 11) la projection horizontale du sommet de l'angle demandé, et A B celle d'un de ses côtés, de manière qu'il faille construire l'autre côté A E. On concevra que le plan de projection verticale passe par A B ; et ayant mené par le point A une verticale indéfinie A *a*, on prendra sur elle, à volonté, un point *d*, que l'on

regardera comme la projection verticale du sommet de l'angle observé.
Cela fait, si par le point d on mène la droite dB, qui fasse, avec
l'horizontale, un angle dBA égal à celui que le premier côté fait avec
l'horizon, le point B sera la rencontre de ce côté avec le plan horizontal. De même, si par le point d on mène la droite dC, qui fasse
avec l'horizontale un angle dCA égal à celui que le deuxième côté
fait avec l'horizon, et si du point A comme centre, avec le rayon AC,
on décrit un arc de cercle indéfini CEF, le deuxième côté ne pourra
rencontrer le plan horizontal que dans un des points de l'arc CEF.
Il ne s'agira donc plus que de trouver la distance de ce point à quelque autre point, comme B.

Or cette dernière distance est dans le plan de l'angle observé. Si
donc on mène la droite dD, de manière que l'angle DdB soit égal à
l'angle observé, et si on porte dC de d en D, la droite DB sera égale
à cette distance.

Donc, si du point B comme centre, et d'un intervalle égal à BD,
on décrit un arc de cercle, le point E, où il coupera le premier, sera
le point de rencontre du deuxième côté avec le plan horizontal; donc
la droite AE sera la projection horizontale de ce côté, et l'angle BAE,
celle de l'angle observé.

Les neuf questions qui précèdent suffisent à peine pour donner une
idée de la méthode des projections; elles ne peuvent en montrer toutes
les ressources. Mais à mesure que nous nous élèverons à des considérations plus générales, nous aurons soin de faire les opérations qui
seront les plus propres à remplir cet objet.

II.

Des plans tangens et des normales aux surfaces courbes.

23. Comme il n'y a aucune surface courbe qui ne puisse être engendrée de plusieurs manières par le mouvement de lignes courbes, si par
un point quelconque d'une surface, on considère deux génératrices différentes dans la position qu'elles doivent avoir, lorsqu'elles passent l'une
et l'autre par ce point, et si l'on conçoit les tangentes en ce point à
chacune des deux génératrices, le plan mené par ces deux tangentes

est le *plan tangent*. Le point de la surface , dans lequel les deux génératrices se coupent, et qui est en même temps commun aux deux tangentes et au plan tangent, est le point de contact de la surface et du plan.

La droite menée par le point de contact perpendiculairement au plan
tangent s'appelle *normale* à la surface. Elle est perpendiculaire à l'élément de la surface , parce que la direction de cet élément coïncide ,
dans tous les sens , avec celle du plan tangent qui peut en être regardé
comme le prolongement.

24. La considération des plans tangens et des normales aux surfaces
courbes , est très-utile à un grand nombre d'arts ; et , pour plusieurs
d'entre eux , elle est absolument indispensable. Nous n'apporterons ici
qu'un seul exemple de chacun de ces deux cas , et nous les prendrons .
dans l'architecture et dans la peinture.

Les différentes parties dont sont composées les voûtes en pierres de
taille , se nomment voussoirs ; et l'on appelle joints les faces par lesquelles deux voussoirs contigus se touchent , soit que ces voussoirs fassent
partie d'une même assise , soit qu'ils soient compris dans deux assises
consécutives.

La position des joints dans les voûtes est assujettie à plusieurs conditions qui doivent être nécessairement remplies. Nous ferons connoître
successivement toutes ces conditions dans la suite du cours; mais, dans
ce moment, nous ne nous occuperons que de celle qui a rapport à notre
objet.

Une des conditions auxquelles la position des joints doit satisfaire ,
c'est qu'ils soient perpendiculaires entre eux, et que les uns et les autres
rencontrent perpendiculairement la surface de la voûte. Si l'on s'écar-
toit sensiblement de cette loi, non-seulement on blesseroit les convenances générales, sans lesquelles rien ne peut avoir de la grace, mais
encore on s'exposeroit à rendre la voûte moins solide et moins durable :
car , si l'un des joints étoit oblique à la surface de la voûte, des deux
voussoirs contigus à ce joint, l'un auroit un angle obtus, l'autre un
angle aigu; et dans la réaction que les deux voussoirs exercent l'un
sur l'autre, ces deux angles ne seroient pas capables de la même résistance ; à cause de la fragilité des matériaux, l'angle aigu seroit exposé
à éclater ; ce qui altéreroit la forme de la voûte , et compromettroit

la durée de l'édifice. Ainsi la décomposition d'une voûte en voussoirs exige donc absolument la considération des plans tangens et des normales à la surface courbe de la voûte.

25. Passons à un autre exemple pris dans un genre qui, au premier coup-d'œil, ne paroît pas susceptible d'une aussi grande sévérité.

On a coutume de regarder la peinture comme composée de deux parties distinctes. L'une est l'art proprement dit : elle a pour objet d'exciter dans le spectateur une émotion déterminée, de faire naître en lui un sentiment donné, ou de le mettre dans la situation qui le disposera le mieux à recevoir une certaine impression ; elle suppose dans l'artiste une grande habitude de la philosophie ; elle exige de sa part les connoissances les plus exactes sur la nature des choses, sur la manière dont elles agissent sur nous, et sur les signes, même involontaires, par lesquels cette action se manifeste ; elle ne peut être que le résultat d'une éducation très-distinguée, que l'on ne donne à personne, et que nous sommes bien éloignés de donner à nos jeunes artistes ; elle n'est soumise à aucune règle générale ; elle ne supporte que des conseils.

L'autre partie de la peinture en est, à proprement parler, le métier : son but est l'exécution exacte des conceptions de la première. Ici rien n'est arbitraire ; tout peut être prévu par un raisonnement rigoureux, parce que tout est le résultat nécessaire d'objets convenus et de circonstances données. Lorsqu'un objet est déterminé de forme et de position ; lorsqu'on connoît la nature, le nombre et la position de tous les corps qui peuvent l'éclairer, soit par une lumière directe, soit par des rayons réfléchis ; lorsque la position de l'œil du spectateur est fixe ; lorsqu'enfin toutes les circonstances qui peuvent influer sur la vision sont bien établies et connues, la teinte de chacun des points de la surface visible de cet objet est absolument déterminée. Tout ce qui a rapport à la couleur de cette teinte et à son éclat dépend de la position du plan tangent en ce point à l'égard des corps éclairans et de l'œil du spectateur ; elle peut être trouvée par le seul raisonnement ; et lorsqu'elle est ainsi déterminée, elle doit être appliquée avec exactitude. Tout affoiblissement, toute exagération, changeroient les apparences, altéreroient les formes et produiroient un autre effet que celui qu'attend l'artiste.

Je sais bien que la rapidité de l'exécution, qui est souvent nécessaire, ne permettroit que bien rarement l'emploi d'une méthode qui priveroit l'esprit de tout secours matériel, et l'abandonneroit à l'exercice de ses seules facultés, et qu'il est beaucoup plus facile au peintre de poser les objets, d'observer leurs teintes et de les imiter : mais s'il étoit accoutumé à considérer les positions des plans tangens et les deux courbures des surfaces en chacun de leurs points, courbures qui feront l'objet de leçons ultérieures, il tireroit de ce moyen matériel un parti plus avantageux; il seroit en état de rétablir les effets que l'omission de quelques circonstances a empêché de naître, et de supprimer ceux auxquels donnent lieu des circonstances étrangères.

Enfin les expressions vagues, comme celles de *méplat*, que les peintres emploient à chaque instant, sont un témoignage constant du besoin qu'ils ont de connoissances plus exactes et de raisonnemens plus rigoureux.

26. Indépendamment de son utilité dans les arts, la considération des plans tangens et des normales aux surfaces courbes, est un des moyens les plus féconds que la géométrie descriptive emploie pour la résolution de questions qu'il seroit très-difficile de résoudre par d'autres procédés, et nous en donnerons quelques exemples.

27. La méthode générale pour déterminer le plan tangent à une surface courbe, consiste (23) à concevoir par le point de contact les tangentes à deux courbes génératrices différentes qui passeroient par ce point, et à construire le plan qui passeroit par ces deux droites. Dans quelques cas particuliers, pour abréger les constructions, on s'écarte un peu de cette méthode prise à la lettre, mais on fait toujours l'équivalent.

Quant à la construction de la normale, nous ne nous en occuperons pas en particulier, parce qu'elle se réduit à celle d'une droite perpendiculaire au plan tangent, ce que nous savons faire.

28. *Première question.* Par un point considéré sur une surface cylindrique et dont la projection horizontale est donnée, mener un plan tangent à cette surface ?

Solution. Soient A B, *a b* (*fig.* 12), les projections horizontale et verticale de la droite donnée, à laquelle la génératrice de la surface cylindrique

lindriqu doive être parallèle'; soit E P D la courbe donnée dans le plan
horizontal, sur laquelle la génératrice doive constamment s'appuyer,
et que l'on peut regarder comme la trace de la surface cylindrique;
enfin soit C la projection horizontale donnée du point considéré sur la
surface cylindrique, et par lequel doive être mené le plan tangent.

Cela posé, par le point considéré sur la surface et dont la projection
horizontale est en C, concevons la droite génératrice dans la position
qu'elle doit avoir, lorsqu'elle passe par ce point : cette génératrice étant
une ligne droite, elle sera elle-même sa propre tangente ; elle sera
donc une des deux droites qui détermineront la position du plan tangent ; de plus, elle sera parallèle à la droite donnée : donc ses deux
projections seront respectivement parallèles à A B et a b ; donc, si par le
point C on mène à A B une parallèle indéfinie E F, on aura la projection horizontale de la génératrice. Pour avoir sa projection verticale,
concevons la génératrice prolongée sur la surface cylindrique jusqu'à
ce qu'elle rencontre le plan horizontal ; elle ne le pourra faire que dans
un point qui sera en même temps sur la projection E F et sur la
courbe E P D, et qui sera, par conséquent, l'intersection de ces deux
lignes : ainsi l'on déterminera ce point, en prolongeant E F jusqu'à
ce qu'elle coupe quelque part la courbe E P D.

Ici il se présente deux cas : ou la droite E F ne coupera la trace du
cylindre qu'en un seul point, ou elle la coupera en plusieurs points.
Nous allons examiner ces deux cas séparément, et supposer d'abord
que quelque prolongée que soit la droite E F, elle ne rencontre la courbe
E P D qu'en un seul point D.

Le point D étant la trace de la génératrice, si on le projette sur le
plan vertical au moyen de la perpendiculaire D d, et si par le point d
on mène d f parallèle à a b, on aura la projection verticale de la
génératrice. Ainsi on aura les deux projections d'une des droites par
lesquelles doit passer le plan tangent demandé. De plus, la projection
verticale du point de contact doit se trouver sur la droite C c' menée
du point donné C perpendiculairement à L M ; elle doit aussi se trouver
sur d f ; donc elle sera au point c d'intersection de ces deux lignes.

Si la droite E F coupe la trace E P D de la surface cylindrique en
plusieurs points D, E, on opérera pour chacun de ces points de la
même manière que nous venons de le décrire pour le point D, regardé

E

comme seul ; il en résultera seulement qu'on aura les projections verticales *d f*, *e f'*, d'autant de droites génératrices, et les projections verticales *c*, *c'*, d'autant de points de contact qu'il y aura de points d'intersection entre la droite E F et la trace E P D.

Dans le cas de la *figure* 12, la trace de la surface cylindrique est
une circonférence de cercle qui a la propriété d'être coupée par une
droite en deux points : ainsi la verticale élevée par le point donné C
doit rencontrer deux fois la surface, d'abord dans un premier point,
dont la projection verticale est *c*, et par lequel passe la génératrice
lorsqu'elle s'appuie sur le point D, et ensuite dans un second point, dont
la projection verticale est *c'*, et par laquelle passe la génératrice lorsqu'elle s'appuie sur le point E de la trace. Ces deux points, quoiqu'ils
aient la même projection horizontale, sont néanmoins très-distincts, et
à chacun d'eux doit répondre un plan tangent particulier. Actuellement, pour chacun des deux points de contact, il faut trouver la
deuxième droite qui doit déterminer la position du plan tangent. Si
l'on suivoit strictement la méthode générale, en regardant la trace
comme une seconde génératrice, il faudroit la concevoir passant successivement par chacun des points de contact, et construire dans chacun
de ces points une tangente ; mais, dans le cas particulier des surfaces
cylindriques, on peut employer une considération plus simple. En effet,
le plan tangent au point C, *c* touche la surface dans toute l'étendue de
la droite génératrice qui passe par ce point ; il la touche donc en D,
qui est un point de cette génératrice ; il doit donc passer par la tangente à la trace au point D. Par un semblable raisonnement on trouvera que le plan tangent en C, *c'*, doit passer par la tangente à la trace
en E. Donc, si par les deux points D, E, on mène à la trace les deux
tangentes D K, E G, prolongées jusqu'à ce qu'elles coupent la droite L M
en deux points K, G, on aura sur le plan horizontal les traces des deux
plans tangens.

Il ne reste donc plus à trouver que les traces des mêmes plans sur le
plan vertical ; et parce que nous avons déja pour l'une de ces traces le
point K, et pour l'autre le point G, il ne reste plus à déterminer qu'un
seul point pour chacune d'elles.

Pour cela, et en opérant pour le premier des deux plans tangens, concevons que le point à construire soit celui dans lequel une horizontale menée

dans le plan par le point de contact rencontre le plan vertical, on aura la projection horizontale de cette droite en menant par le point C une parallèle à la trace D K, qu'on prolongera jusqu'à ce qu'elle rencontre la droite L M en un point I ; et on aura sa projection verticale en menant par le point c une horizontale indéfinie. Le point de rencontre du plan vertical avec l'horizontal se trouvera donc en même temps et sur la verticale I i et sur l'horizontale c i ; il sera au point i de leur intersection ; donc, si par les points i et K on mène une droite, on aura la trace du premier plan tangent sur le plan vertical. En raisonnant de même pour le second plan tangent, on trouvera sa trace sur le plan vertical en menant par le point C une droite C H parallèle à la trace horizontale E G, et on la prolongera jusqu'à ce qu'elle coupe L M en un point H, par lequel on élevera la verticale H h ; par le point c' on mènera une horizontale qui coupera la verticale H h en un point h, par lequel et par le point G si l'on mène une droite G h, on aura la trace demandée.

29. *Deuxième question.* Par un point considéré sur une surface conique, et dont la projection horizontale est donnée, mener un plan tangent à cette surface ?

La solution de cette question ne diffère de celle de la précédente qu'en ce que la droite génératrice, au lieu d'être toujours parallèle à elle-même, passe toujours par le sommet dont les deux projections sont données. Nous pensons qu'il est convenable de ne pas l'énoncer ici, et de conseiller au lecteur de la chercher lui-même, en lui offrant le secours de la *fig.* 13, si toutefois cela étoit nécessaire.

30. *Troisième question.* Par un point considéré sur une surface de révolution autour d'un axe vertical, et donné sur la projection horizontale, mener un plan tangent à la surface ?

Solution. Soient A (*fig.* 14) la projection horizontale donnée de l'axe, a a' sa projection verticale, B C D E F la courbe génératrice donnée, considérée dans un plan mené par l'axe, et G la projection horizontale donnée du point de contact.

Cela posé, si par le point de contact et par l'axe on conçoit un plan vertical dont la projection sera l'horizontale indéfinie A G, ce plan coupera la surface de révolution dans une courbe qui sera la génératrice, passant par le point de contact ; si par le point G on conçoit une verticale, elle rencontrera la génératrice et par conséquent la surface en un ou plusieurs points qui seront autant de points de contact, dont G sera la projection horizontale commune. On trouvera tous ces points de contact considérés dans le plan de la génératrice en portant A G sur L M de a en e, et en menant par le point e une parallèle à $a\,a'$; tous les points E , C , dans lesquels cette droite coupera la courbe B C D E F, seront les intersections de la courbe génératrice avec la verticale menée par le point G , et indiqueront les hauteurs d'autant de points de contact au-dessus du plan horizontal. Pour avoir les projections verticales de ces points de contact, on menera par tous les points E , C , des horizontales indéfinies , qui contiendront ces projections : mais elles doivent aussi se trouver sur la perpendiculaire à L M , menée par le point G ; donc les intersections g, g' de cette droite avec les horizontales seront les projections des différens points de contact.

Actuellement , si, par chaque point de contact, on conçoit une section faite par un plan horizontal , cette section, qui pourra être regardée comme une seconde génératrice , sera la circonférence d'un cercle dont le centre sera dans l'axe, et dont la tangente, qui doit être perpendiculaire à l'extrémité du rayon , sera aussi perpendiculaire au plan vertical mené par A G , et dans lequel se trouve le rayon : donc le plan tangent, qui doit passer par cette tangente , sera aussi perpendiculaire à ce même plan vertical , et aura , sur le plan horizontal , sa trace perpendiculaire à A G. Il ne reste donc plus , pour avoir la trace de chacun des plans tangens , que de trouver sa distance au point A : or, si par les points E , C , on mène à la première génératrice les tangentes E J, C H, prolongées jusqu'à ce qu'elles rencontrent L M en des points J, H , les droites a J, aH , seront égales à ces distances ; donc , si l'on porte ces droites de A en i et de A en h , et si par les points i et h on mène à A G des perpendiculaires i Q, h P , prolongées jusqu'à la rencontre de la droite L M , on aura , sur le plan horizontal , les traces de tous les plans tangens.

Pour trouver sur le plan vertical les traces des mêmes plans , il faut concevoir, pour chaque point de contact, et dans le plan tangent correspondant, une horizontale prolongée jusqu'au plan vertical de projection ; cette droite , qui n'est autre chose que la tangente au cercle , déterminera sur ce plan un point qui appartiendra à la trace. Or , pour tous les points du contact , ces droites ont la même projection horizontale ; c'est la droite G K , menée par le point G perpendiculairement à A G , et terminée à la droite L M. Donc, si par le point K on mène à L M une perpendiculaire indéfinie K k k' , elle contiendra tous les points de rencontre des horizontales avec le plan vertical de projection. Mais ces points de rencontre doivent aussi se trouver sur les horizontales respectives menées par les points E , C ; donc les intersections k, k' de ces horizontales avec la verticale K K' seront chacune un point de la trace d'un des plans tangens. Ainsi la droite Q k sera , sur le plan vertical, la trace d'un des plans tangens ; la droite P k' sera la trace de l'autre ; et ainsi de suite , s'il y en avoit un plus grand nombre.

Nous nous bornerons dans ce moment aux trois exemples précédens , parce qu'ils suffisent pour toutes les surfaces dont nous avons défini la génération. Dans la suite de cet écrit , nous aurons occasion de considérer les générations de familles de surfaces infiniment plus nombreuses ; et à mesure qu'elles se présenteront , nous appliquerons la même méthode à la détermination de leurs plans tangens et de leurs normales. Maintenant nous allons proposer une question , dans la solution de laquelle on peut employer d'une manière utile la considération d'un plan tangent.

31. *Quatrième question.* Deux droites étant données (*fig.* 15) par leurs projections horizontales A B , C D, et par leurs projections verticales *a b* , *c d* ; construire les projections P N, *p n* de leur plus courte distance , c'est-à-dire de la droite qui est en même temps perpendiculaire à l'une et à l'autre , et trouver la grandeur de cette distance ?

Solution. Par la première des deux droites données, concevons un plan parallèle à la seconde ; ce qui est toujours possible , puisque si par un point quelconque de la première on mène une droite parallèle à la seconde , et si l'on conçoit que cette troisième droite se meuve parallèlement à elle-même le long de la première , elle engendrera le plan dont il s'agit. Concevons de plus une surface cylindrique à base circulaire, qui ait pour axe la seconde droite donnée, et pour rayon la distance cherchée ; cette surface sera touchée par le plan en une droite qui sera parallèle à l'axe, et qui coupera la première droite en un point. Si par ce point on mène une perpendiculaire au plan, elle sera la droite demandée ; car elle passera de fait par un point de la première droite donnée, et elle lui sera perpendiculaire, puisqu'elle sera perpendiculaire à un plan qui passe par cette droite : elle coupera de plus la seconde droite perpendiculairement, puisqu'elle sera un rayon du cylindre dont cette seconde droite est l'axe.

Il ne s'agit donc plus que de construire successivement toutes les parties de cette solution.

1º. Pour construire les traces du plan mené par la première droite parallèlement à la seconde, on cherchera d'abord le point A, dans lequel cette première droite rencontre le plan horizontal, et qui sera un point de la trace horizontale : pour cela, après avoir prolongé la projection verticale *b a* jusqu'à ce qu'elle coupe la droite L M en un point *a*, on menera *a* A perpendiculaire à L M, et qui, par son intersection avec la projection horizontale A B, déterminera le point A. Par le point où la première droite coupe le plan vertical, et dont les projections sont B et *b*, on concevra une droite parallèle à la seconde droite donnée, et l'on construira les projections de cette parallèle en menant indéfiniment B E parallèle à C D, et *b e* parallèle à *c d*. On construira de même le point E de rencontre de cette parallèle avec le plan horizontal, en menant *e* E perpendiculaire à L M ; et le point E sera un second point de la trace horizontale du plan. Donc, si l'on mène la droite A E, prolongée jusqu'à ce qu'elle coupe en un point F la droite L M, on aura la trace horizontale ; et il est évident que, si par les points F et *b* on mène une droite F *b*, on aura la trace sur le plan vertical.

2º. Pour construire la ligne de contact du plan avec la surface cylindrique, il faut d'un point quelconque de la seconde droite qui est l'axe du cylindre (par exemple, du point C où elle rencontre le plan horizontal) abaisser une normale, c'est-à-dire une perpendiculaire sur le plan tangent ; et le pied de cette normale sera un point de la ligne de contact. Pour trouver ce pied d'après la méthode que nous avons déja décrite (*fig.* 6), on construira d'abord les projections indéfinies de la normale en menant par le point C la droite H G perpendiculaire à la trace A E, et par le point c la droite c K perpendiculaire à la trace F b; puis, après avoir prolongé H G jusqu'à ce qu'elle rencontre A E en un point G, et L M en un point H, on projettera le point G en g et le point H en h sur la trace F b; on menera la droite g h, qui, par son intersection avec c K, déterminera la projection verticale i du pied de la normale; et l'on aura sur H G la projection horizontale du même point, en abaissant i I perpendiculairement à L M. Les projections i et I du pied de la normale étant trouvées, si par le point I on mène I N parallèle à C D, et i n parallèle à c d, on aura les projections de la droite de contact du plan avec la surface cylindrique. Enfin les points N et n, où ces projections rencontreront celles de la première droite donnée, seront les projections du point de cette droite par lequel passe la perpendiculaire commune demandée.

3°. Connoissant les projections N, n d'un des points de la perpendiculaire commune demandée, pour avoir celle de cette perpendiculaire, il suffira de mener par les points N et n les droites N P et n p perpendiculaires aux traces respectives A E, F b; et les parties N P et n p de ces perpendiculaires, comprises entre les projections des deux droites données, seront les projections de la plus courte distance demandée.

4°. Enfin, si l'on veut connoître la grandeur de cette plus courte distance, on la construira par le procédé de la *fig*. 3.

La considération d'une surface cylindrique touchée par un plan n'étoit point nécessaire pour la solution de la question précédente. Après avoir imaginé un plan parallèle aux deux droites données, on auroit pu par chacune de ces droites mener à ce plan un plan perpendiculaire; et l'intersection de ces deux derniers plans auroit été la direction de la plus courte distance demandée. Nous nous contenterons d'énoncer cette seconde manière, en conseillant au lecteur d'en chercher la construction pour s'exercer.

32. Dans les différentes questions que nous avons résolues sur les plans tangens aux surfaces courbes, nous avons toujours supposé que le point par lequel il falloit mener le plan tangent, étoit pris sur la surface, et qu'il étoit lui-même le point de contact : cette condition seule suffisoit pour déterminer la position du plan. Mais il n'en est pas de même,

lorsque le point par lequel le plan doit passer est pris hors de la surface.

Pour que la position d'un plan soit déterminée, il faut qu'il satisfasse à trois conditions différentes, équivalentes chacune à celle de passer par un point donné : or, en général, la propriété d'être tangent à une surface courbe donnée, lorsque le point de contact n'est pas indiqué, n'équivaut qu'à une seule de ces conditions. Si donc c'est par des conditions de cette nature que l'on se propose de déterminer la position d'un plan, il en faut en général trois. En effet, supposons que nous ayons trois surfaces courbes données, et qu'un plan soit tangent à l'une d'entre elles en un point quelconque, nous pouvons concevoir que ce plan se meuve autour de la surface, sans cesser de la toucher : il pourra le faire dans toutes sortes de sens ; seulement le point de contact se mouvra sur la surface à mesure que le plan tangent changera de position ; et la direction du mouvement du point de contact sera dans le même sens que celle du mouvement du plan. Concevons que ce mouvement se fasse dans un certain sens jusqu'à ce que le plan rencontre la seconde surface et la touche en un certain point : alors le plan sera en même temps tangent aux deux premières surfaces, et sa position ne sera pas encore arrêtée. Nous pouvons en effet concevoir que le plan tourne autour des deux surfaces, sans cesser de les toucher l'une et l'autre. Il ne sera plus libre, comme auparavant, de se mouvoir dans toutes sortes de sens ; et il ne pourra plus le faire que dans un seul. A mesure que le plan changera de position, les deux points de contact se mouvront chacun sur la surface à laquelle il appartient; de manière que si l'on conçoit une droite menée par ces deux points, leurs mouvemens seront dans le même sens par rapport à cette droite, quand le plan touchera les deux surfaces du même côté; et ils seront dans des sens contraires, quand le plan touchera les deux surfaces, l'une d'un côté, l'autre de l'autre. Enfin concevons que ce mouvement, qui est le seul qui puisse encore avoir lieu, continue jusqu'à ce que le plan touche la troisième surface en un certain point : alors la position du plan sera arrêtée, et il ne pourra plus se mouvoir sans cesser d'être tangent à l'une des trois surfaces.

On voit donc que pour déterminer la position d'un plan au moyen de contacts indéterminés avec des surfaces courbes données, il en faut en général trois. Ainsi, si l'on se proposoit de mener un plan tangent

à

à une surface courbe donnée, cette condition n'équivaudroit qu'à une seule des trois auxquelles le plan peut satisfaire : on pourroit donc encore en prendre deux autres à volonté, et par exemple, faire passer le plan par deux points donnés, ou, ce qui revient au même, par une droite donnée. S'il falloit que le plan fût tangent en même temps à deux surfaces, il y auroit deux conditions employées ; il n'y en auroit plus qu'une disponible, et l'on ne pourroit assujettir de plus le plan qu'à passer par un point donné. Enfin, si le plan devoit toucher en même temps trois surfaces données, on ne pourroit plus disposer d'aucune condition, et sa position seroit déterminée.

Ce que nous venons de dire regarde les surfaces courbes en général ; il faut néanmoins en excepter ce qui a rapport à toutes les surfaces cylindriques, à toutes les surfaces coniques, et à toutes les surfaces développables : car, pour ce genre de surfaces, le contact avec un plan n'est pas réduit à un point unique ; il s'étend tout le long d'une droite indéfinie, qui se confond avec la génératrice dans une de ses positions. La propriété qu'auroit un plan de toucher une seule de ces surfaces équivaudroit à deux conditions, puisqu'elle l'assujettiroit à passer par une droite ; et il ne resteroit plus qu'une seule condition disponible, comme, par exemple, de passer par un point donné. On ne pourroit donc pas proposer de mener un plan qui fût en même temps tangent à deux de ces surfaces, et à plus forte raison à trois, à moins qu'il n'y eût quelques circonstances particulières qui rendissent ces conditions compatibles.

33. Il n'est peut-être pas inutile, avant que d'aller plus loin, de donner quelques exemples de la nécessité où l'on peut être de mener des plans tangens à des surfaces courbes par des points pris au dehors d'elles. Nous prendrons le premier de ces exemples dans la construction des fortifications.

Lorsqu'on expose les principes généraux de la fortification, on suppose d'abord que, dans tous les sens, le terrain qui environne la place forte à la portée du canon, soit horizontal, et ne présente aucune éminence qui puisse donner quelque avantage à l'assiégeant. Puis, dans cette hypothèse, on détermine le tracé du corps de place, des demilunes, des chemins couverts, et des ouvrages avancés ; et l'on indique

F

les commandemens que les différentes parties de la fortification doivent avoir les unes sur les autres, afin qu'elles contribuent toutes, de la manière la plus efficace, à leur défense réciproque. Ensuite, pour faire l'application de ces principes au cas où le terrain qui environne la place présenteroit quelque hauteur dont l'assiégeant pourroit profiter, et de laquelle il faudroit que la fortification fût défilée, il ne reste plus qu'une considération nouvelle. S'il n'y a qu'une seule hauteur, on choisit dans la place deux points par lesquels on conçoit un plan tangent à la hauteur de laquelle on veut se défiler : ce plan tangent se nomme plan de défilement ; et l'on donne à toutes les parties de la fortification le même relief au-dessus du plan de défilement, qu'elles auroient eu au-dessus du plan horizontal, si le terrain eût été de niveau : par là elles ont les unes sur les autres, et toutes ensemble sur la hauteur voisine, le même commandement que sur un terrain horizontal ; et la fortification a les mêmes avantages que dans le premier cas. Quant au choix des deux points par lesquels doit passer le plan de défilement, il doit satisfaire aux deux conditions suivantes : 1°. que l'angle formé par le plan avec l'horizon soit le plus petit possible, afin que les terre-pleins ayant moins de pente, le service de la défense rencontre moins de difficultés ; 2°. que le relief de la fortification au-dessus du terrain naturel soit aussi le plus petit possible, afin que sa construction entraîne moins de travail et moins de dépense.

Si, dans les environs de la place, il y a deux hauteurs desquelles la fortification doive être en même temps défilée, le plan de défilement doit être en même temps tangent aux surfaces de ces deux éminences : il ne reste plus pour fixer sa position qu'une seule condition disponible, et l'on en dispose ; c'est-à-dire, on choisit dans la place le point par lequel ce plan doit passer, de manière que l'on satisfasse le mieux possible aux conditions énoncées dans le premier cas.

34. Le second exemple que nous rapporterons sera encore pris dans la peinture.

Les surfaces des corps, sur-tout lorsqu'elles sont polies, présentent des points brillans, d'un éclat comparable à celui du corps lumineux qui les éclaire. La vivacité de ces points est d'autant plus grande, et leur étendue est d'autant plus petite, que les surfaces sont plus polies.

Lorsque les surfaces sont mattes, les points brillans ont beaucoup moins d'éclat, et ils occupent une partie plus grande de la surface.

Pour chaque surface, la position du point brillant est déterminée par la condition suivante : que le rayon de lumière incident, et le rayon réfléchi dirigé à l'œil du spectateur, soient dans un même plan perpendiculaire au plan tangent en ce point, et fassent avec ce plan des angles égaux, parce que le point brillant de la surface fait fonction de miroir, et renvoie à l'œil une partie de l'image de l'objet lumineux. La détermination de ce point exige une extrême précision ; et quand même le dessin seroit de la plus grande correction, quand même les contours apparens seroient tracés avec une exactitude mathématique, la moindre erreur commise dans la position du point brillant en apporteroit de très-grandes dans l'apparence des formes. Nous n'en apporterons qu'une seule preuve, mais bien frappante.

La surface du globe de l'œil est polie ; elle est de plus enduite d'une légère couche d'humidité qui en rend le poli plus parfait : aussi lorsqu'on observe un œil ouvert, on voit sur sa surface un point brillant d'un grand éclat, d'une très-petite étendue, et dont la position dépend de celles de l'objet éclairant et de l'observateur. Si la surface de l'œil étoit parfaitement sphérique, l'œil pourroit tourner autour de son axe vertical, sans que la position du point brillant éprouvât le moindre changement : mais cette surface est alongée dans le sens de l'axe de la vision ; et lorsqu'elle tourne autour de l'axe vertical, la position du point brillant change. Un long exercice nous ayant rendus très-sensibles à ce changement, il entre pour beaucoup dans le jugement que nous portons sur la direction du globe de l'œil. C'est principalement par la différence des positions des points brillans sur les globes des deux yeux d'une personne, que nous jugeons si elle louche ou si elle ne louche pas ; que nous reconnoissons qu'elle nous regarde, et, lorsqu'elle ne nous regarde pas, de quel côté elle porte la vue.

En rapportant cet exemple, nous ne prétendons pas que dans un tableau il faille déterminer géométriquement la position du point brillant sur le globe de l'œil ; nous avons seulement l'intention de faire voir comment de légères erreurs dans la position de ce point en apportent de considérables dans la forme apparente de l'objet, quoique d'ailleurs le tracé de son contour apparent reste le même.

F 2

35. Passons actuellement à la détermination des plans tangens aux surfaces courbes, menés par des points pris au dehors d'elles.

La surface de la sphère est une des plus simples que l'on puisse considérer; elle a des générations communes avec un grand nombre de surfaces différentes : on pourroit, par exemple, la ranger parmi les surfaces de révolution, et ne rien dire de particulier pour elle. Mais sa régularité donne lieu à des résultats remarquables, dont quelques-uns sont piquans par leur nouveauté, et dont nous allons nous occuper d'abord, moins pour eux-mêmes, que pour acquérir, dans l'observation des trois dimensions, une habitude dont nous aurons besoin pour des objets plus généraux et plus utiles.

36. *Première question.* Par une droite donnée mener un plan tangent à la surface d'une sphère donnée?

Solution. Première manière. Soient A et *a* (*fig.* 16) les deux projections du centre de la sphère; BCD, la projection du grand cercle horizontal; EF et *ef*, les deux projections indéfinies de la droite donnée. Soit conçu par le centre de la sphère un plan perpendiculaire à la droite, et soient construites par la méthode que nous avons donnée (*fig.* 6), les projections G et *g* du point de rencontre de la droite avec le plan.

Cela posé, il est évident que par la droite donnée on peut mener à la sphère deux plans tangens dont le premier la touchera d'un côté, le second la touchera de l'autre, et entre lesquels elle sera placée; ce qui déterminera deux points de contact différens, dont il s'agit d'abord de construire les projections.

Pour cela, si du centre de la sphère on conçoit une perpendiculaire abaissée sur chacun des deux plans tangens, chacune d'elles aboutira au point de contact de la surface de la sphère avec le plan correspondant; et elles seront toutes deux dans le plan perpendiculaire à la droite donnée : donc les deux points de contact seront dans la section de la sphère par le plan perpendiculaire; section qui sera la circonférence d'un des grands cercles de la sphère, et à laquelle seront tangentes les deux sections faites dans les plans tangens par le même plan.

Si dans le plan perpendiculaire , et par le centre de la sphère , on conçoit une horizontale, dont on aura la projection verticale en menant l'horizontale *a h*, et dont on aura l'autre projection en abaissant sur EF la perpendiculaire A H ; et si l'on conçoit que le plan perpendiculaire tourne autour de cette horizontale comme charnière, jusqu'à ce qu'il devienne lui-même horizontal ; il est évident que sa section avec la surface de la sphère viendra se confondre avec la circonférence BCD , que les deux points de contact seront alors sur cette circonférence, et que si l'on construisoit le point J, où la rencontre du plan perpendiculaire avec la droite donnée vient s'appliquer par ce mouvement, les tangentes JC, JD, menées au cercle BCD, détermineroient ces deux points de contact dans la position où on les considère alors. Or il est facile de construire le point J, ou, ce qui revient au même, de trouver sa distance au point H : car la projection horizontale de cette distance est GH , et la différence des hauteurs verticales de ses extrémités est *gg'* ; donc, si l'on porte GH sur l'horizontale *a h* de *g'* en *h*, l'hypoténuse *h g* sera la grandeur de cette distance ; donc, portant *g h* sur EF de H en J , et menant les deux tangentes JC, JD, les deux points de contact C , D , seront déterminés dans la position qu'ils ont pris , lorsque le plan perpendiculaire a été abattu sur le plan horizontal.

Actuellement, pour trouver leurs projections dans la position qu'ils doivent avoir naturellement, il faut concevoir que le plan perpendiculaire retourne à sa position primitive, en tournant encore autour de l'horizontale A H comme charnière , et qu'il entraîne avec lui le point J , les deux tangentes JC, JD, prolongées jusqu'à ce qu'elles coupent AH en des points K, K', et la corde CD qui coupera aussi la même droite AH en un point N. Il est évident que , dans ce mouvement, les points K, K' et N , qui sont sur la charnière , seront fixes , et que les deux points de contact C, D , décriront des arcs de cercle qui seront dans des plans perpendiculaires à la charnière, et dont on aura les projections horizontales, en abaissant des points C, D, sur A H, les perpendiculaires indéfinies CP, DQ. Donc les projections horizontales des deux points de contact se trouveront sur les deux droites CP, DQ. Mais dans le mouvement rétrograde du plan perpendiculaire , les deux tangentes JCK', JKD, ne cessent pas de passer par les points de contact respectifs ; et lorsque ce plan est parvenu dans sa position primitive, le point J se trouve de nouveau projeté en G, et les deux tangentes sont projetées suivant les droites GK', GK. Donc ces deux dernières droites doivent aussi contenir chacune la projection horizontale d'un des points de contact ; donc enfin les intersections de ces deux droites avec les droites respectives CP, DQ, détermineront les projections horizontales R et S des deux points de contact qui se trouveront avec le point N sur une même ligne droite.

Pour trouver les projections verticales des mêmes points, on mènera d'abord sur L M les perpendiculaires indéfinies R r, S s ; puis, si l'on projette les points K, K', en k, k', et si par le point g on mène les droites gk, gk', on aura les projections verticales des deux mêmes tangentes. Ces droites contiendront donc les projections des points de contact respectifs ; donc les points r, s de leurs intersections avec les verticales R r, S s, seront les projections demandées.

Les projections horizontales et verticales des deux points de contact étant trouvées, pour construire sur le plan horizontal les traces des deux plans tangens, on concevra par chacun des points de contact une parallèle à la droite donnée. Ces droites seront dans les plans tangens respectifs, et l'on aura leur projection horizontale et verticale en menant R U, S V, parallèles à E F, et ru, sv, parallèles à ef. On construira sur le plan horizontal la trace T de la droite donnée, et les traces U, V des deux dernières droites, et les droites T U, T V, seront les traces des deux plans tangens.

Au lieu de concevoir, par les points de contact, de nouvelles lignes droites, on pourroit trouver les traces des deux tangentes GR, GS, qui rempliroient le même but. Quant aux traces des deux mêmes plans avec le plan vertical, on les trouvera par la méthode que nous avons déjà souvent employée.

Cette solution pourroit être rendue beaucoup plus élégante, en faisant passer les deux plans de projections par le centre même de la sphère. Par là les deux projections de la sphère se confondroient dans le même cercle, et les prolongemens des lignes droites seroient moins longs. Nous n'avons séparé les deux projections que pour mettre plus de clarté dans l'exposition. Il est facile actuellement de donner à la construction toute la concision dont elle est susceptible.

37. *Seconde manière.* Soient A et *a* (*fig.* 17) les deux projections du centre de la sphère, AB ou *a b* son rayon, BCD la projection de son grand cercle horizontal, et EF, *ef*, les projections de la droite donnée. Si l'on conçoit le plan du grand cercle horizontal prolongé jusqu'à ce qu'il coupe la droite donnée en un certain point, on aura la projection verticale de ce plan en menant par le point *a* l'horizontale indéfinie *b a g;* le point *g*, où cette horizontale coupera *ef*, sera la projection verticale du point de rencontre du plan avec la droite donnée, et l'on aura la projection horizontale G de ce point, en projetant *g* sur EF.

Cela posé, si, en prenant ce même point pour sommet, on conçoit une surface conique qui enveloppe la sphère, et dont toutes les droites génératrices la touchent chacune en un point, on aura les projections des deux droites génératrices horizontales de cette surface conique en menant par le point G les deux droites GC, GD, tangentes au cercle BCD, et qui le toucheront en deux points C, D, qu'il sera facile de déterminer. La surface conique touchera celle de la sphère dans la circonférence d'un cercle, dont la droite CD sera le diamètre, dont le plan sera perpendiculaire à l'axe du cône, et par conséquent vertical, et dont la projection horizontale sera la droite CD.

Si par la droite donnée on conçoit deux plans tangens à la surface conique, chacun d'eux la touchera suivant une de ces droites génératrices, qui sera en même temps sur la surface conique et sur le plan ; et parce que cette droite génératrice touche aussi la surface de la sphère en un de ses points qui se trouve sur la circonférence du cercle projeté en CD, il s'ensuit que ce point est en même temps sur la surface conique, sur le plan qui la touche, sur la surface de la sphère et sur la circonférence du cercle projeté en CD, et qu'il est un point de contact commun à tous ces objets. Donc, 1°. les deux plans tangens à la surface conique sont aussi tangens à la surface de la sphère, et sont ceux dont il faut déterminer la position ; 2°. leurs points de contact avec la sphère, étant dans la circonférence du cercle projeté en CD, seront eux-mêmes projetés quelque part sur cette droite ; 3°. la droite qui passe par les deux points de contact, étant comprise dans le plan du même cercle, sera projetée elle-même indéfiniment sur CD.

Actuellement faisons pour le plan d'un grand cercle parallèle à celui

de la projection verticale , la même opération que nous venons de faire
pour le plan du grand cercle horizontal. La projection horizontale de
ce plan sera la droite B A H , indéfiniment parallèle à L M ; le point
où il rencontre la droite donnée, sera projeté horizontalement à l'intersection H des deux droites EF , BAH ; et l'on aura sa projection
verticale en projetant le point H sur *ef* en *h*. Si l'on conçoit une nouvelle surface conique dont le sommet soit en ce point de rencontre , et
qui enveloppe la sphère comme la première, on aura les projections verticales des deux droites génératrices extrêmes de cette surface , en menant par le point *h* au cercle *b* KI les tangentes *h* K , *h* I , qui le toucheront en des points K , I , que l'on déterminera. Cette seconde surface conique touchera celle de la sphère dans la circonférence d'un
nouveau cercle dont KI sera le diamètre , et dont le plan , qui sera
perpendiculaire à celui de la projection verticale , sera par conséquent
projeté indéfiniment sur KI. La circonférence de ce cercle passera aussi
par les deux points de contact de la sphère avec les plans tangens de-
mandés ; donc les projections verticales de ces deux points de contact
seront quelque part sur KI ; donc aussi la droite qui joint ces deux
points , sera projetée sur la même droite KI.

Ainsi la droite menée par les deux points de contact est projetée horizontalement sur CD , et verticalement sur KI; elle rencontre
le plan du grand cercle horizontal en un point , dont la projection verticale est à l'intersection *n* de KI avec *bag*, et dont on aura la projection horizontale N en projetant le point *n* sur CD.

Cela fait , concevons que le plan du cercle vertical , projeté en CD ,
tourne autour de son diamètre horizontal comme charnière , pour devenir lui-même horizontal, et qu'il entraîne avec lui, dans son mouvement , les deux points de contact par lesquels passe sa circonférence ,
et la droite qui joint ces deux points. On construira ce cercle dans cette
nouvelle position, en décrivant sur CD comme diamètre, le cercle CPDQ ;
et si l'on construisoit la position que prend la droite des deux points de
contact , elle couperoit la circonférence CPDQ en deux points , qui les
détermineroient sur cette circonférence considérée dans sa position horizontale.

Or , le point N de la droite des deux contacts , étant sur la charnière CD , ne change pas de position dans le mouvement. Cette droite
doit

doit donc encore passer par ce point, lorsqu'elle est devenue horizontale. De plus, le point où elle rencontre le plan du grand cercle parallèle à la projection verticale, point dont la projection horizontale
est à la rencontre O des deux droites CD, BAH, et dont on aura
la projection verticale t en projetant le point O sur KI; ce point, dis-
je, dans son mouvement autour de la charnière CD, décrit un quart de
cercle vertical perpendiculaire à CD, et dont le rayon est la verticale ot; donc, si on mène par le point O une perpendiculaire à CD, et
si sur cette perpendiculaire on porte ot de O en T, le point T sera un
de ceux de la droite des contacts, lorsqu'elle est devenue horizontale.
Donc, si par les points N et T on mène une droite, ses deux points
de rencontre P, Q, avec la circonférence CPDQ, seront les deux
points de contact considérés dans le plan vertical abattu.

Pour avoir les projections horizontales des deux mêmes points dans
leurs positions naturelles, il faut concevoir que le cercle CPDQ
retourne dans sa position primitive en tournant sur la même charnière CD. Dans ce mouvement, les deux points P, Q décriront des
quarts de cercle dans des plans verticaux, perpendiculaires à CD, et
dont les projections horizontales seront les perpendiculaires PR et QS,
abaissées sur CD. Donc les projections horizontales des deux points de
contact seront respectivement sur les droites PR et QS : or nous
avons vu qu'elles devoient être aussi sur CD; donc elles seront aux
deux points de rencontre R et S.

On aura les projections verticales r, s des deux mêmes points, en
projetant les points R et S sur KI; ou, ce qui revient au même, en
portant sur les verticales Rr, Ss, à partir de l'horizontale bag, $r'r$
égale à PR, et $s's$ égale à QS.

Les projections horizontales et verticales des deux points de contact
étant construites, on déterminera les traces des deux plans tangens,
comme dans la première solution.

Cette seconde solution peut aussi être rendue beaucoup plus concise
en faisant passer les plans de projections par le centre de la sphère;
ce qui réduit les deux projections à une même figure.

38. Ces dernières considérations vont nous conduire à la découverte
de quelques propriétés remarquables du cercle, de la sphère, des sections coniques, et des surfaces courbes du second degré.

G

Nous venons de voir que les deux surfaces coniques circonscrites à
la sphère la touchoient chacune dans la circonférence d'un cercle, et
que ces circonférences passoient toutes deux par les deux points de
contact de la sphère avec les plans tangens. Cette propriété n'est point
particulière aux deux surfaces coniques que nous avons considérées ;
elle convient à toutes celles qui auroient leur sommet dans la droite
donnée, et qui seroient de même circonscrites à la sphère. Donc, si
l'on conçoit une première surface conique qui, ayant son sommet sur
la droite donnée, soit circonscrite à la sphère, et si l'on suppose que
cette surface se meuve de manière que son sommet parcoure la droite,
sans qu'elle cesse d'être circonscrite et tangente à la sphère ; dans chacune de ses positions, elle touchera la sphère dans la circonférence d'un
cercle ; toutes ces circonférences passeront par deux mêmes points qui
seront les contacts de la sphère avec les deux plans tangens ; et les plans
de ces cercles se couperont tous suivant une même ligne droite, qui
sera celle des deux contacts. Enfin, si l'on conçoit le plan mené par
la droite donnée et par le centre de la sphère, ce plan, qui passera
par les axes de toutes les surfaces coniques, sera perpendiculaire aux
plans de tous les cercles de-contact, et par conséquent à la droite qui
est leur commune intersection ; et il coupera tous ces plans dans des
lignes droites qui passeront par un même point.

Réciproquement étant données une sphère et une ligne droite, si
l'on conçoit par la droite tant de plans qu'on voudra, qui couperont
la sphère chacun suivant un cercle, et si, pour chacun de ces cercles,
on conçoit la surface conique droite dont il seroit la base, et qui seroit
circonscrite à la sphère, les sommets de toutes ces surfaces coniques
seront dans une autre même ligne droite.

39. En considérant seulement ce qui se passe dans le plan mené par
la droite donnée et par le centre de la sphère, on est conduit aux deux
propositions suivantes, qui sont des corollaires immédiats de ce qui
précède.

« Etant donnés dans un plan (*fig.* 18 et 19) un cercle dont le centre
soit en A, et une droite quelconque B C ; si, après avoir mené par
un point quelconque D de la droite deux tangentes au cercle, et la
droite E F qui passe par les deux points de contact, on conçoit que le

point D se meuve le long de la droite, et entraîne avec lui les deux tangentes, sans qu'elles cessent de toucher le cercle : les deux points de contact changeront de position, de même que la droite E F qui les joint ; mais cette droite passera toujours par un même point N qui se trouve sur la perpendiculaire A G, abaissée du centre du cercle sur la droite.

» Réciproquement, si, par un point N pris dans le plan d'un cercle, on mène tant de droites E F qu'on voudra, qui couperont chacune la circonférence du cercle en deux points, et si par ces deux points on mène au cercle deux tangentes E D, F D, qui se couperont quelque part en un point D, la suite de tous les points d'intersection trouvés de la même manière sera sur une même ligne droite B C perpendiculaire à A N. »

Ce n'est pas parce que tous les points de la circonférence sont également éloignés du centre, que le cercle jouit de la propriété que nous venons d'énoncer, c'est parce qu'il est une courbe du second degré ; et toutes les sections coniques sont dans le même cas.

En effet, soient A E B F (*fig.* 20) une section conique quelconque, et C D une droite quelconque donnée dans son plan : concevons que la courbe tourne autour d'un de ses axes A B pour engendrer une surface de révolution, et concevons les deux plans tangens à cette surface menés par la droite C D ; les deux plans auront chacun leur point de contact particulier. Cela posé, si, en prenant pour sommet un point quelconque H de la droite C D, on conçoit la surface conique circonscrite et tangente à la surface de révolution, elle touchera cette dernière surface dans une courbe qui passera nécessairement par les deux points de contact avec les plans tangens. Cette courbe sera plane ; son plan, qui sera perpendiculaire à celui de la section conique donnée, sera projeté sur ce dernier, suivant une droite E F ; et cette droite passera par les points de contact des tangentes à la section conique, menées par le point H. Actuellement, si l'on suppose que le sommet H de la surface conique se meuve sur la droite C D, sans que cette surface cesse d'être circonscrite et tangente à la surface de révolution ; dans chacune de ses positions, sa courbe de contact aura les mêmes propriétés de passer par les deux points de contact avec les plans tangens, d'être plane, et d'avoir son plan perpendiculaire à la section conique.

Donc les plans de toutes les courbes de contact passeront par la droite
qui joint les deux points de contact, et qui est elle-même perpendiculaire au plan de la section conique ; donc enfin les projections de
tous les plans seront des lignes droites qui passeront toutes par la projection N de la droite qui joint les deux points de contact.

40. Enfin cette proposition n'est elle-même qu'un cas particulier
d'un autre plus général qui a lieu dans les trois dimensions, et que nous
nous contenterons d'énoncer ici.

« Etant données dans l'espace une surface courbe quelconque du
second degré, et une surface conique circonscrite qui la touche, et
dont le sommet soit en un point quelconque, si la surface conique se
meut sans cesser d'être circonscrite à la première surface, et de la
toucher, de manière cependant que son sommet parcoure une droite
quelconque, le plan de la courbe de contact des deux surfaces passera
toujours par une même ligne droite (qui sera déterminée par les contacts
de la surface du second degré avec les deux plans tangens qui passent
par la droite des sommets) ; et si la surface conique se meut de manière que son sommet soit toujours dans un même plan, le plan de la
courbe de contact passera toujours par un même point. »

41. *Deuxième question.* Par un point donné, mener un plan tangent
à la fois aux surfaces de deux sphères données ?

Solution. Soient A, *a* (*fig.* 21) les deux projections du centre de la
première sphère, B, *b*, celles du centre de la seconde, et C, *c*, celles
du point donné. Après avoir mené les droites indéfinies A B, *a b*,
projections de celle qui passeroit par les deux centres, et après avoir
construit les projections G E F, *g e f*, H I K, *h i k*, des grands cercles
des deux sphères parallèles aux plans de projections, on concevra une
surface conique circonscrite à la fois aux deux sphères, et qui les
touche toutes deux. Cette surface aura son sommet dans la droite qui
passe par les deux centres. On menera aux deux cercles G E F, H I K,
les deux tangentes communes E H, F K, qui se couperont en un point D
de la droite A B ; et ce point sera la projection horizontale du sommet
du cône : on aura la projection verticale du même point, en projetant

le point D en *d* sur le prolongement de *a b*. Enfin on menera les projections C D, *c d* de la droite menée par le sommet du cône et par le point donné. Cela posé, si par cette dernière droite on conçoit deux plans tangens à la surface conique, ils la toucheront chacun en une de ses droites génératrices ; et par conséquent ils seront tous deux tangens en même temps aux deux sphères. La question est donc réduite à mener par la droite qui passe par le sommet du cône et par le point donné deux plans tangens à la surface d'une des sphères ; ce qui s'exécutera comme dans la question précédente , et les deux plans seront en même temps tangens à la seconde sphère.

Il faut observer que l'on peut concevoir deux surfaces coniques circonscrites aux deux mêmes sphères. La première les enveloppe toutes deux en dehors , et a son sommet au-delà d'une des sphères par rapport à l'autre : les plans tangens à cette surface conique touchent chacun les deux sphères du même côté. La seconde surface conique enveloppe les sphères, l'une en dedans, l'autre en dehors, et a son sommet entre les deux centres. On trouve la projection horizontale D' de ce sommet en menant aux cercles E F G et H J K les deux tangentes intérieures qui se coupent en un point de la droite A B ; et l'on a sa projection verticale en projetant le point D' en *d''* sur *a b*. Les deux plans tangens menés à cette surface conique touchent aussi chacun les deux sphères ; mais ils touchent la première d'un côté, et la seconde de l'autre. Ainsi quatre plans différens peuvent satisfaire à la question : pour deux d'entre eux, les deux sphères sont du même côté du plan ; pour les deux autres, elles sont de côtés différens.

42. *Troisième question.* Mener un plan tangent en même temps à trois sphères données de grandeurs et de positions ?

Solution. Concevons le plan tangent en même temps aux trois sphères, et imaginons d'abord une surface conique circonscrite aux deux premières sphères, et qui les touche toutes deux ; le plan tangent touchera cette surface conique le long d'une de ses droites génératrices, et passera par le sommet du cône. Si l'on imagine une seconde surface conique circonscrite à la première sphère et à la troisième, le même plan tangent la touchera de même le long d'une de ses droites génératrices, et passera par conséquent par son sommet. Enfin, si l'on conçoit une troisième surface conique qui embrasse et touche la seconde sphère et la troisième, le plan tangent la touchera encore le long d'une de ses droites génératrices, et passera par son sommet. Ainsi les sommets des trois surfaces coniques seront dans le plan tangent ; mais ils seront aussi dans le plan qui passe par les centres des sphères, et qui contient les trois axes : donc ils seront en même temps dans deux plans diffé-rens ; donc ils seront en ligne droite. Il suit de là que si l'on construit, comme nous l'avons indiqué dans la question précédente, les projections horizontales et verticales de ces sommets, dont deux suffisent, on pourra faire passer par ces projections celle d'une droite qui se trouve sur le plan tangent. La question se réduit donc à mener par une droite donnée un plan tangent à celle des trois sphères qu'on voudra ; ce qui s'exé-cutera par les méthodes précédentes, et ce plan sera tangent aux deux autres.

43. Il faut observer que, puisqu'on peut toujours concevoir pour deux sphères quelconques deux surfaces coniques qui les enveloppent et les touchent toutes deux, la première ayant son sommet au-delà d'un des centres par rapport à l'autre, la seconde ayant son sommet entre les deux centres, il est évident que, dans la question précédente, il y aura six surfaces coniques, dont trois seront circonscrites en dehors aux trois sphères prises deux à deux, et dont trois auront leurs sommets entre les sphères. Les sommets de ces six cônes seront distribués trois par trois sur quatre droites, par chacune desquelles on pourra mener deux plans tangens en même temps aux trois sphères. Ainsi huit plans différens satisfont à cette troisième question : deux d'entre eux touchent les trois sphères du même côté par rapport à eux ; les six autres sont tellement placés, qu'ils touchent deux des sphères d'un côté, et la troi-sième de l'autre.

44. Ces considérations nous conduisent à la proposition suivante :
« Trois cercles quelconques étant donnés de grandeur et de position sur un plan (*fig.* 22), si, en les considérant deux à deux, on leur mène les tangentes extérieures prolongées jusqu'à ce qu'elles se coupent, les trois points d'intersection D, E, F, qu'on obtiendra de cette manière, seront en ligne droite. »

Car, si l'on conçoit les trois sphères dont ces cercles sont les grands cercles, et un plan qui les touche toutes les trois extérieurement, ce plan touchera aussi les trois surfaces coniques circonscrites aux sphères considérées deux à deux, et passera par leurs trois sommets D, E, F. Mais ces trois sommets sont aussi sur le plan des trois centres : donc ils sont sur deux plans différens, et par conséquent en ligne droite. « Si aux mêmes cercles, considérés deux à deux, on mène les tangentes intérieures qui se croiseront, les trois nouveaux points d'intersection G, H, I, seront deux à deux en ligne droite avec un des trois premiers ; en sorte que les six points D, E, F, G, H, I seront les intersections de quatre droites. »

Enfin cette proposition n'est qu'un cas particulier de la suivante, qui a lieu dans les trois dimensions.

« Quatre sphères quelconques étant données de grandeurs et de positions dans l'espace, si l'on conçoit les six surfaces coniques qui sont circonscrites extérieurement à ces sphères considérées deux à deux, les sommets des six cônes seront dans un même plan et aux intersections de quatre droites ; et si l'on conçoit les six autres surfaces coniques circonscrites intérieurement, c'est-à-dire, qui ont leurs sommets entre les centres de deux sphères, les sommets de ces six nouveaux cônes seront trois par trois dans un même plan avec trois des premiers. »

45. *Quatrième question.* Par un point pris arbitrairement, mener un plan tangent à une surface cylindrique donnée ?

Solution. Soit E I F K (*fig.* 23) la trace de la surface cylindrique sur le plan horizontal ; trace que nous supposons donnée. Soient A B, *a b*, les deux projections données de la droite à laquelle la génératrice doit toujours être parallèle, et C, *c*, celles du point donné. Si par ce point on conçoit une parallèle à la droite génératrice, cette droite sera dans le plan tangent demandé ; et les points dans lesquels elle coupera les plans de projections seront sur les traces du plan tangent. Donc, si par ce point C on mène CD parallèle à A B, et par le point *c*, *c d* parallèle à *a b*, on aura les deux projections de cette droite ; et si, après avoir prolongé *c d* jusqu'à ce qu'elle rencontre L M en un point *d*, on projette le point *d* en D sur C D, le point D sera la rencontre de cette droite avec le plan horizontal, et par conséquent un point de la trace du plan tangent. Or la trace horizontale du plan tangent doit être tangente à la courbe EIFK ; donc, si par le point D on mène à cette courbe toutes les tangentes possibles, D E, D F..... etc., on aura les traces horizontales de tous les plans tangens qui peuvent passer par le point donné. Si par les points de contact E, F..... etc., on mène à A B les parallèles indéfinies E G, F H... etc., on aura les projections horizontales des droites génératrices, dans lesquelles les différens plans tangens touchent la surface cylindrique ; enfin on aura les projections verticales e g, f h... etc., de ces génératrices ou de ces droites de contact, en projetant les points E, F.... etc., sur le plan vertical en e, f... etc., et en menant par ces derniers points des parallèles indéfinies à a b. Quant aux traces des plans tangens sur le plan vertical, on les trouvera par le procédé de la *figure* 12.

46. *Cinquième question.* Par un point pris arbitrairement, mener un plan tangent à une surface conique donnée ?

Comme la solution de cette question diffère très-peu de celle de la précédente, nous nous contenterons d'en indiquer la construction dans la *figure* 24, où la courbe E G F H est la trace donnée de la surface conique, où A et a sont les projections données du sommet, et où C et c sont celles du point donné par lequel le plan tangent doit passer.

47. *Sixième question.* Par une droite donnée, mener un plan tangent à une surface de révolution donnée ?

Solution. Nous supposerons que l'axe de la surface de révolution soit perpendiculaire à un des deux plans de projections ; ce qui n'altérera pas la généralité de la solution, parce qu'on est toujours le maître de disposer de la position de ces plans, de manière que cette condition soit remplie.

Soient donc A (*fig* 25) la projection horizontale donnée de l'axe de la surface, a a' sa projection verticale, a p i a' la courbe génératrice de la surface, et B C, b c les deux projections données de la droite par laquelle le plan tangent doit passer. Du point A soit abaissée sur B C la perpendiculaire A D, qui sera la projection horizontale de la plus courte distance entre l'axe et la droite donnée, et soit projeté le point D en d sur b c.   Cela

Cela posé, concevons d'abord que le plan tangent soit mené ; puis supposons que la droite donnée tourne autour de l'axe de révolution, sans changer de distance à cet axe, sans changer d'inclinaison sur le plan horizontal, et qu'elle entraîne avec elle le plan tangent, de manière qu'il touche toujours la surface : il est évident qu'en vertu de ce mouvement le point de contact de la surface et du plan changera de position : mais, parce que le plan tangent garde toujours la même inclinaison, ce point de contact ne changera pas de hauteur sur la surface, et il se mouvra dans la circonférence d'un cercle horizontal, dont le centre sera dans l'axe. De plus, la droite donnée engendrera par son mouvement une seconde surface de révolution autour du même axe, à laquelle le plan tangent sera lui-même tangent dans toutes ses positions.

En effet, concevons un plan par l'axe et par le point de contact du plan tangent avec la première surface : ce plan coupera la droite génératrice en un point qui sera celui du contact du même plan tangent avec la seconde ; car, indépendamment de la droite génératrice par laquelle il passe en ce point, il passe encore par la tangente du cercle horizontal au même point, puisqu'il passe aussi par la tangente du cercle horizontal au point de contact avec la première surface, et que, par la propriété des surfaces de révolution, ces deux tangentes sont parallèles.

Comme c'est au moyen de la seconde surface de révolution que nous devons résoudre la question, il est nécessaire de construire la courbe suivant laquelle elle est coupée par un plan mené par l'axe ; et nous supposerons que ce plan soit parallèle au plan vertical de projection, et par conséquent projeté sur le plan horizontal dans une droite A F parallèle à L M.

Soit pris sur la droite donnée un point quelconque, dont les projections soient E et e, et cherchons le point dans lequel il rencontre le plan de la section dans son mouvement. D'abord ce point décrira autour de l'axe de révolution un arc de cercle horizontal, dont on aura la projection horizontale en décrivant du point A comme centre, et de l'intervalle A E, l'arc E F, jusqu'à ce qu'il rencontre la droite A F quelque part en un point F ; et on aura la projection verticale de cet arc en menant par le point e l'horizontale indéfinie e f. Le point F sera donc

H

la projection horizontale de la rencontre du point décrivant avec le plan de la section : donc, si l'on projette le point F en f sur ef, le point f sera la projection verticale de cette rencontre, et par conséquent un point de la section. Si on fait les mêmes opérations par tant d'autres points qu'on voudra, pris sur la droite donnée, on aura autant de points g, f, r, n, par lesquels on fera passer la courbe demandée.

Cela fait, supposons que la droite donnée et le plan tangent, par leur rotation simultanée autour de l'axe, soient parvenus dans une position telle que le plan tangent soit perpendiculaire au plan vertical de projection. Dans cette position, la projection sur ce plan sera une ligne droite, et cette droite sera tangente en même temps aux deux courbes $a\,p\,i\,a'$, $g\,f\,r\,n$. Si donc on mène à ces deux courbes toutes les tangentes communes, telles que $g\,i$, $n\,p$, on aura les projections de tous les plans tangens qui satisfont à la question, et considérés dans la position qu'ils ont prise, lorsque par la rotation ils sont devenus successivement perpendiculaires au plan vertical. Les points de contact i, p de ces tangentes, avec la génératrice de la première surface, détermineront les hauteurs de ceux de cette surface avec tous les plans tangens : par conséquent, si par ces points on mène les horizontales indéfinies it, ps, elles contiendront les projections verticales des points de contact de la surface avec les plans ; et si du point A comme centre, et avec des rayons égaux respectivement à it et à ps, on décrit des arcs de cercle IK, PQ, ces arcs contiendront les projections horizontales des mêmes points. Il ne reste donc plus, pour achever de les déterminer, qu'à trouver sur quels méridiens de la surface de révolution ils doivent se trouver : c'est ce à quoi doivent servir les points de contact g, n.

Pour cela, après avoir projeté les points g, n, sur AG, en G et N, si du point A comme centre, et avec des intervalles successivement égaux à AG et AN, on décrit les arcs de cercle GH, NO, jusqu'à ce qu'ils coupent la droite BC en des points H et O, ces arcs expriment la quantité de rotation que, pour chaque plan tangent, la droite qui passe par ses contacts avec les deux surfaces, a été obligée de faire pour se transporter dans le plan vertical parallèle à celui de projection. Donc on aura les projections horizontales de ces mêmes droites, considérées dans leurs positions naturelles, en menant par le point A les droites A H, A O ; donc enfin les points K, Q, où les dernières droites couperont les arcs correspondans I K, P Q, seront les projections horizontales des points de contact de la première surface avec les plans tangens menés par la droite donnée.

Quant aux projections verticales des mêmes points, on les aura en projetant les points K, Q, en k, q, sur les horizontales respectives $i\,t$ et $p\,s$.

Les projections horizontales et verticales des points de contact étant déterminées, on construira les traces de tous les plans tangens, par les mêmes méthodes que nous avons déja employées.

Cette méthode peut facilement se généraliser et s'appliquer aux surfaces engendrées par des courbes quelconques, constantes de formes et variables de positions dans l'espace.

I I I.

Des intersections des surfaces courbes.

48. Lorsque les générations de deux surfaces courbes sont entièrement déterminées et connues ; lorsque, pour chacune d'elles, la suite de tous les points de l'espace par lesquels elle passe n'a plus rien d'arbitraire ; lorsque pour chacun de ces points, une des deux projections étant prise à volonté, l'autre projection peut toujours être construite ; si ces deux surfaces ont quelques points communs dans l'espace, la position de tous ces points communs est absolument déterminée ; elle dépend et de la forme des deux surfaces courbes, et de leurs positions respectives ; et elle est de nature à pouvoir toujours être déduite de la définition des générations des surfaces, dont elle est une conséquence nécessaire.

La suite de tous les points communs à deux surfaces courbes déterminées forme en général dans l'espace une certaine ligne courbe qui, pour des cas très-particuliers, peut se trouver dans un certain plan, et n'avoir qu'une seule courbure, qui, pour des cas infiniment plus particuliers, peut devenir une ligne droite, et n'avoir aucune courbure ; enfin qui, pour des cas infiniment plus particuliers encore, peut se réduire à un point unique ; mais qui, dans le cas général, est ce qu'on

nomme *courbe à double courbure*, parce qu'elle participe ordinairement des courbures des deux surfaces courbes, sur chacune desquelles
elle se trouve en même temps, et dont elle est l'intersection commune.

49. Il existe entre les opérations de l'analyse et les méthodes de la
géométrie descriptive, |une correspondance, dont il est nécessaire de
donner ici une idée.

Dans l'algèbre, lorsqu'un problême est mis en équations, et qu'on
a autant d'équations que d'inconnues, on peut toujours obtenir le même
nombre d'équations, dans chacune desquelles il n'entre qu'une des
inconnues; ce qui met à portée de connoître les valeurs de chacune
d'elles. L'opération par laquelle on parvient à ce but, et qui s'appelle
élimination, consiste, au moyen d'une des équations, à chasser une des
inconnues de toutes les autres équations; et en chassant ainsi successivement les différentes inconnues, on arrive à une équation finale qui
n'en contient plus qu'une seule, dont elle doit produire la valeur.

L'objet de l'élimination, dans l'algèbre, a la plus grande analogie
avec les opérations par lesquelles, dans la géométrie descriptive, on
détermine les intersections des surfaces courbes.

En effet, supposons que considérant un point dans l'espace, et
représentant par x, y, z, les distances de ce point à trois plans
rectangulaires entre eux, on établisse une relation entre ces trois distances, et que cette relation soit exprimée par une équation, dans
laquelle entrent les trois quantités x, y, z, et des constantes. En
vertu de cette relation, la position du point ne sera pas déterminée :
car les quantités x, y, z, pourront changer de valeur, et par conséquent le point pourra changer de position dans l'espace, sans que la
relation exprimée par l'équation cesse d'avoir lieu; et la surface courbe,
qui passe par toutes les positions que le point peut occuper ainsi, sans
que la relation entre ces trois coordonnées soit altérée, est celle à
laquelle appartient l'équation.

Par exemple, supposons qu'une sphère dont le rayon soit exprimé
par A, ait son centre au point d'intersection commune des trois plans
rectangulaires; et qu'en considérant un certain point sur la surface de
la sphère, on imagine des perpendiculaires abaissées de ce point sur
les trois plans, et représentées par les lettres x, y, z; il est évident

que le rayon de la sphère, dirigé au point que l'on considère, sera la diagonale d'un parallélipipède rectangle, dont les trois arêtes seront x, y, z; que son quarré sera égal à la somme des quarrés des trois arêtes; et qu'ainsi l'on aura l'équation $x^2 + y^2 + z^2 = A^2$. Cela posé, si le point change de position sur la surface de la sphère, ses distances x, y, z, aux trois plans rectangulaires, changeront; mais sa distance au centre ne changera pas, et la somme des quarrés de ses trois coordonnées, qui est toujours égale au quarré du rayon, aura toujours la même valeur: l'on aura donc encore entre les coordonnées de ce point, la relation exprimée par l'équation $x^2 + y^2 + z^2 = A^2$. Cette équation, qui a lieu pour tous les points de la surface de la sphère, et qui a lieu pour eux seuls, est celle de cette surface. Toutes les surfaces courbes ont ainsi chacune leur équation; et s'il n'est pas toujours facile d'avoir cette équation exprimée en quantités aussi simples que les distances x, y, z, il est toujours possible de l'obtenir en quantités plus compliquées, telles que les inclinations des plans tangens, les rayons des courbures: il suffit à notre objet d'en avoir fait connoître une pour exemple.

Actuellement, si, ayant en x, y, z, les équations de deux surfaces courbes différentes, et en supposant que pour les points des deux surfaces les distances soient prises aux mêmes plans rectangulaires, on élimine une des trois quantités x, y, z, par exemple z, entre les deux équations; par la simultanéité de ces deux équations, on établit d'abord que ce n'est pas de tous les points de la première surface indistinctement, ni de tous ceux de la seconde, que l'on s'occupe, mais seulement de ceux de leur intersection, pour chacun desquels les deux équations doivent avoir lieu, puisqu'ils sont en même temps sur les deux surfaces. Ensuite l'équation en x, y, qui résulte de l'élimination de z, exprime la relation qui existe entre ces deux distances pour tous les points de l'intersection, quelle que soit la distance z qui a disparu, et dont il n'est plus question dans l'équation; elle est donc l'équation de la projection de l'intersection des deux surfaces sur le plan perpendiculaire aux z.

On voit donc qu'en algèbre l'objet de l'élimination entre plusieurs équations à trois inconnues, est de déterminer sur les trois plans auxquels tout l'espace est rapporté, les projections des intersections des surfaces auxquelles les équations appartiennent.

*H 3

5o. La correspondance entre les opérations de l'analyse et les méthodes de la géométrie descriptive, ne se borne pas à ce que nous venons de rapporter ; elle existe par-tout. Si dans l'espace, pour opérer des générations quelconques, on fait mouvoir des points, des lignes courbes, des surfaces, ces mouvemens peuvent toujours être dictés par des opérations analytiques ; et les objets nouveaux auxquels ils donnent lieu, sont exprimés par les résultats mêmes des opérations. Réciproquement, il n'y a aucune opération d'analyse en trois dimensions, qui ne soit l'écriture d'un mouvement opéré dans l'espace et dicté par elle. Pour apprendre les mathématiques de la manière la plus avantageuse, il faut donc que l'élève s'accoutume de bonne heure à sentir la correspondance qu'ont entre elles les opérations de l'analyse et celles de la géométrie ; il faut qu'il se mette en état, d'une part, de pouvoir écrire en analyse tous les mouvemens qu'il peut concevoir dans l'espace, et, de l'autre, de se représenter perpétuellement dans l'espace le spectacle mouvant dont chacune des opérations analytiques est l'écriture.

51. Revenons actuellement à notre objet, qui est la méthode de déterminer les projections des intersections des surfaces courbes.

Pour mettre plus de clarté dans l'exposition de cette méthode, nous ne la présenterons pas d'abord avec toute l'élégance dont elle est susceptible ; nous y arriverons par degrés. De plus, l'énoncé sera général et applicable à deux surfaces quelconques ; et quoique les lettres que nous emploierons se rapportent à la *figure* 26, qui présente le cas particulier de deux surfaces coniques, à bases circulaires et à axes verticaux, il faut néanmoins toujours concevoir que les surfaces dont il s'agit peuvent être, chacune en particulier, tout autres qu'une surface conique.

52. *Premier problême général.* Les générations de deux surfaces courbes étant connues, et toutes les données qui fixent ces générations étant déterminées sur les plans de projections ; construire les projections de la courbe à double courbure, suivant laquelle les deux surfaces se coupent ?

Solution. On concevra une suite de plans indéfinis, placés d'une manière convenue dans l'espace ; ces plans pourront, par exemple, être tous horizontaux, et c'est en effet ce que nous supposerons d'abord. Dans ce cas, la projection verticale de chacun d'eux sera une droite horizontale indéfinie ; et parce qu'on est maître de les mener à distances arbitraires, nous supposerons que dans la projection verticale on ait mené tant de droites horizontales (*fig.* 26) *ee'* , *ee'* , *ee'* , etc., qu'on ait voulu, et que la suite de ces droites soit la projection verticale de la suite des plans qu'on a conçus. Cela posé, on fera successivement, pour chacun de ces plans, et par rapport à la droite *ee'* qui en est la projection, l'opération que nous allons indiquer pour celui d'entre eux qui est projeté en E E'.

Le plan EE' coupera la première surface en une certaine courbe, qu'il sera toujours possible de construire, si l'on connoît la génération de la surface ; car cette courbe est la suite des points dans lesquels le plan EE' est coupé par la génératrice dans toutes ses positions. Cette courbe étant plane et horizontale aura sa projection horizontale égale, semblable à elle-même, et placée de la même manière ; il sera donc possible de construire cette projection, et nous supposerons que ce soit la courbe F G H I K.

Le même plan EE' coupera aussi la seconde surface dans une autre courbe plane horizontale, dont il sera toujours possible de construire la projection horizontale, et nous supposerons que cette projection soit la courbe F O G P N.

Cela fait, il peut arriver que les deux courbes dans lesquelles le même plan E E' coupe les deux surfaces, se coupent elles-mêmes, ou qu'elles ne se coupent pas : si elles ne se coupent pas, quelque prolongées qu'elles soient, ce sera une preuve qu'à la hauteur du plan E E', les deux surfaces n'ont aucun point commun ; mais si ces deux courbes se coupent, elles le feront en un certain nombre de points qui seront communs aux deux surfaces, et qui seront par conséquent autant de points de l'intersection demandée. En effet, en tant que les points d'intersection des deux courbes sont sur la première d'entre elles, ils sont sur la première des deux surfaces proposées ; en tant qu'ils sont sur la seconde courbe, ils sont aussi sur la seconde surface : donc, en tant qu'ils sont sur les deux courbes à la fois, ils sont aussi sur les deux surfaces.

Or les projections horizontales des points dans lesquels se coupent les deux courbes, doivent se trouver, et sur la projection de la première, et sur la projection de la seconde ; donc les points F, G..... de rencontre des deux courbes F G H I K et F G O P N , seront les projections horizontales d'autant de points de l'intersection demandée des deux surfaces courbes. Pour avoir les projections verticales des mêmes points, il faut observer qu'ils sont tous compris dans le plan horizontal E E', et que leurs projections doivent être sur la droite E E'. Donc, si l'on projette les points F , G.... sur E E' en f, g... , on aura les projections verticales des mêmes points.

Actuellement, si pour toutes les autres horizontales ee' ee', on fait la même opération que nous venons de faire pour E E', on trouvera pour chacune d'elles , dans la projection horizontale , une suite de nouveaux points F, G..... etc. , et dans la projection verticale une suite de nouveaux points f, g... , etc. Puis, si par tous les points F... on fait passer une branche de courbe , par tous les points G.... une autre branche, et ainsi de suite , l'assemblage de toutes ces branches , qui pourront quelquefois rentrer l'une dans l'autre , sera la projection horizontale de l'intersection des deux surfaces; de même, si par tous ces points f.... on fait passer une branche de courbe , par tous les points g.... une autre branche, et ainsi de suite , l'assemblage de toutes ces branches , qui pourront aussi quelquefois rentrer les unes dans les autres, sera la projection verticale de l'intersection demandée.

53. La méthode que nous venons d'exposer est générale, même en supposant qu'on ait choisi pour systême de plans coupans une suite de plans horizontaux. Nous allons voir que, dans certains cas, le choix du systême de plans coupans n'est pas indifférent , qu'on peut quelquefois le faire tel qu'il en résulte des constructions plus faciles et plus élégantes, et même qu'il peut être avantageux, au lieu d'un systême de plans, d'employer une suite de surfaces courbes , qui ne diffèrent entre elles que par une de leurs dimensions.

Pour construire l'intersection de deux surfaces de révolution dont les axes sont verticaux, le systême de plans le plus avantageux est une suite de plans horizontaux ; car chacun des plans coupe les deux surfaces en des circonférences de cercles dont les centres sont sur les axes respectifs, dont les rayons sont égaux aux ordonnées des courbes génératrices,

prises

prises à la hauteur du plan coupant, et dont les projections horizontales sont des cercles connus de grandeur et de position. Dans ce cas, tous les points de la projection horizontale de l'intersection des deux surfaces se trouvent donc par des intersections d'arcs de cercle. On sent que si les surfaces de révolution avoient leurs axes parallèles entre eux, mais non verticaux, il faudroit changer de plans de projections, et les choisir de manière que l'un d'entre eux fût perpendiculaire aux axes.

54. S'il s'agissoit de construire l'intersection de deux surfaces coniques à bases quelconques, et dont les traces sur le plan horizontal fussent données ou construites, le système de plans horizontaux entraîneroit dans des opérations qui seroient trop longues pour ce cas; car chacun des plans horizontaux couperoit les deux surfaces dans des courbes, qui seroient bien à la vérité semblables aux traces des surfaces respectives : mais ces courbes ne seroient point égales aux traces; il faudroit les construire par points, chacune en particulier, tandis que, si, après avoir mené une droite par les sommets donnés des deux cônes, on emploie le système de plans qui passent par cette droite, chacun de ces plans coupera les deux surfaces coniques en quatre droites; et ces droites, qui seront dans le même plan, se couperont, indépendamment des sommets, en quatre points, qui seront sur l'intersection des deux surfaces. Dans ce cas, chacun des points de la projection horizontale de l'intersection sera donc construit par l'intersection de deux lignes droites.

55. Pour deux surfaces cylindriques à bases quelconques, et dont les génératrices seroient inclinées diversement, le système des plans horizontaux ne seroit pas le plus favorable que l'on pourroit choisir. Chacun de ces plans couperoit, à la vérité, les deux surfaces dans des courbes semblables et égales à leurs traces respectives; mais les courbes qui ne correspondroient pas verticalement aux traces, auroient pour projections des courbes qui seroient distantes des traces elles-mêmes, et qu'il faudroit construire par points. Si l'on choisit le système de plans parallèles en même temps aux génératrices des deux surfaces, chacun de ces plans coupera les deux surfaces dans des lignes droites, et ces

I

droites se couperont en des points qui appartiendront à l'intersection
des deux surfaces. Par là, les points de la projection horizontale seront
construits par des intersections de lignes droites. Au reste, ceci n'est que
la conséquence nécessaire de ce que nous avons dit pour le cas de deux
surfaces coniques.

56. Enfin, pour deux surfaces de révolution dont les axes seroient
dans le même plan, mais non parallèles entre eux, ce ne seroit plus
un système de plans qu'il seroit convenable de choisir, ce seroit le
système de surfaces sphériques, qui auroient leur centre commun au
point de rencontre des deux axes : car chacune des surfaces sphériques
couperoit les deux surfaces de révolution dans les circonférences de
deux cercles qui auroient leurs centres sur les axes respectifs, et dont
les plans seroient perpendiculaires au plan mené par les deux axes ; et
les points d'intersection de ces deux circonférences, qui seroient en
même temps et sur la surface sphérique et sur les deux surfaces de
révolution, appartiendroient à l'intersection demandée. Ainsi les points
de la projection de l'intersection seroient construits par les rencontres
de cercles et de lignes droites. Dans ce cas, la position la plus avantageuse des deux plans de projections, est que l'un soit perpendiculaire
à un des axes, et que l'autre soit parallèle aux deux axes. Ce petit
nombre d'observations, par rapport aux surfaces courbes qui se rencontrent le plus fréquemment, suffit pour faire voir la manière dont
la méthode générale doit être employée, et comment, par la connoissance de la génération des surfaces courbes, on peut choisir l'espèce
de section qui doit donner des constructions plus faciles.

57. Lorsque deux surfaces courbes sont définies de formes et de positions respectives, non seulement la courbe de leur intersection est déterminée dans l'espace, mais encore toutes les affections de ces courbes
s'ensuivent immédiatement. Ainsi, par exemple, dans chacun de leurs
points la direction de leur tangente est déterminée : il en est de même
de celle de leur plan normal, c'est-à-dire du plan qui coupe la courbe
à angle droit, et qui est, par conséquent, perpendiculaire à la tangente au point d'intersection. Quoique nous devions avoir souvent occasion, dans la suite, de considérer les plans normaux aux courbes à

double courbure, nous n'entrerons ici, par rapport à leur détermination, dans aucun détail, parce que ces plans étant toujours perpendiculaires aux tangentes il nous suffira d'avoir donné la manière de construire les projections des tangentes aux intersections des surfaces courbes.

58. *Second problème général.* Par un point pris à volonté sur l'intersection de deux surfaces courbes, mener la tangente à cette intersection?

Solution. Le point pris à volonté sur l'intersection des deux surfaces courbes se trouve en même temps et sur l'une et sur l'autre de ces surfaces. Si donc par ce point considéré sur la première surface on mène à cette surface un plan tangent, ce plan touchera l'intersection dans le point que l'on considère. Pareillement, si par le même point considéré sur la seconde surface on mène à cette surface un plan tangent, ce plan touchera l'intersection dans le point que l'on considère. Les deux plans tangens toucheront donc l'intersection dans le même point, qui sera en même temps un de leurs points communs, et par conséquent un de ceux de la droite dans laquelle ils se coupent; donc l'intersection des deux plans tangens sera la tangente demandée.

Ce problême donne lieu à l'observation suivante, qui est d'un grand usage dans la géométrie descriptive.

« La projection de la tangente d'une courbe à double courbure est elle-même tangente à la projection de la courbe, et son point de contact est la projection de celui de la courbe à double courbure. »

En effet, si, par tous les points de la courbe à double courbure, on conçoit des perpendiculaires abaissées sur un des plans de projection, par exemple, sur le plan horizontal, toutes ces perpendiculaires seront sur une surface cylindrique verticale, qui sera coupée par le plan horizontal dans la projection même de la courbe. De même, si, par tous les points de la tangente à la courbe à double courbure, on conçoit des verticales abaissées, elles seront dans un plan vertical qui sera coupé par le plan horizontal dans la projection même de la tangente. Or, la surface cylindrique et le plan vertical se touchent évidemment dans toute l'étendue de la verticale abaissée du point de contact, et qui leur est commune; donc les intersections de la surface cylindrique et du plan par le plan horizontal se toucheront dans un point qui

I 2

sera l'intersection de la droite du contact de la surface cylindrique et du plan vertical. Donc enfin les projections d'une courbe à double courbure et d'une de ses tangentes se touchent en un point qui est la projection du point de contact de la courbe.

59. Nous allons actuellement faire l'application de tout ce qui précède à quelques cas particuliers; et pour commencer par des considérations simples, nous supposerons d'abord qu'une des deux surfaces dont il faut déterminer l'intersection, soit un plan.

Première question. Construire l'intersection d'une surface cylindrique donnée, par un plan donné de position?

La position des plans de projections étant arbitraire, nous supposerons d'abord, ce qui est toujours possible, que ces deux plans aient été choisis, de manière que l'un soit perpendiculaire à la génératrice de la surface, et que l'autre soit perpendiculaire au plan coupant, parce que, dans cette supposition, la construction est beaucoup plus facile; puis, pour donner aux élèves l'habitude des projections, nous supposerons que les deux plans de projections soient placés d'une manière quelconque.

Solution. Premier cas, dans lequel on suppose que la génératrice de la surface soit perpendiculaire à l'un des plans de projection, par exemple, au plan horizontal, et que le plan coupant soit perpendiculaire à l'autre.

Soit A (*fig.* 27) la projection horizontale de la droite, à laquelle la génératrice de la surface cylindrique doit toujours être parallèle; $a\,a''$ sa projection verticale; B C D E la trace donnée de la surface cylindrique, trace qui sera la projection horizontale de la surface indéfinie, et, par conséquent, celle de la courbe d'intersection; soit fg la projection verticale donnée du plan coupant, projection qui sera aussi celle de l'intersection demandée, et F G la trace horizontale du même plan : il est évident que si l'on mène à la courbe B C D E, et perpendiculairement à L M, les tangentes indéfinies E e'', C c'', les droites $e\,e'', c\,c''$, seront les projections verticales de la génératrice dans ses positions extrêmes, et que les points e', c', dans lesquels elles couperont la projection fg du plan coupant, termineront sur fg la projection verticale de l'intersection demandée.

Cela posé, si par un point pris arbitrairement sur l'intersection (point dont la projection horizontale sera un point H, pris à volonté sur la courbe BCDE, et dont on aura la projection verticale en projetant le point H en i' sur fg) on veut mener la tangente à cette intersection, il est clair que cette tangente sera comprise dans le plan coupant, et que sa projection verticale sera la droite fg; il est clair aussi qu'elle sera comprise dans le plan vertical tangent à la surface cylindrique, et que sa projection horizontale, qui sera la même que celle du plan tangent, sera la droite FHN tangente en H à la courbe donnée BCDE. Ainsi tout est déterminé par rapport à l'intersection demandée.

60. Actuellement posons qu'il s'agisse de construire cette intersection telle qu'elle existe dans son plan, et par un de ses points pris à volonté, de lui mener une tangente. Si le plan de projection verticale se trouve à une trop grande distance de la courbe BCDE, on pourra concevoir un autre plan vertical qui lui soit parallèle, qui passe dans l'intérieur de la courbe BCDE, et dont la projection horizontale soit la droite EC parallèle à LM. Ce plan vertical coupera le plan coupant dans une droite parallèle à sa projection fg, et autour de laquelle, comme charnière, nous supposons que le plan coupant tourne pour devenir vertical, et présenter en face la courbe demandée. Cela posé, par tant de points H qu'on voudra, pris arbitrairement sur BCDE, on concevra des plans verticaux perpendiculaires au plan vertical de projection, et dont on aura en même temps les projections horizontales et verticales, en menant par tous les points H des droites HJKii' perpendiculaires à LM. Chacun de ces plans coupera le plan coupant dans une droite horizontale perpendiculaire à la charnière, et dont la projection verticale sera le point de rencontre i' de deux droites fg, ii'. De plus, dans chaque plan, cette droite horizontale rencontrera la charnière dans un point dont la projection horizontale sera l'intersection J des deux droites EC, HJKii'; et elle rencontrera la courbe demandée dans des points dont les projections horizontales seront les intersections H, K de la droite HJKii' avec la courbe BCDE. Enfin cette droite et toutes ses parties seront égales à leurs projections horizontales. Or, lorsque le plan coupant tourne autour de la charnière pour devenir vertical, toutes ces droites,

qui d'abord étoient horizontales, ne cessent pas d'être perpendiculaires à la charnière, et ne changent pas de grandeur. Donc, si par tous les points i' on mène à fg des perpendiculaires indéfinies hk, et si sur ces perpendiculaires on porte JH de i' en h, et JK de i' en k, on aura tant de points h, k qu'on voudra, par lesquels on fera passer la courbe demandée $e'kc'h$.

61. La courbe étant construite dans son plan, s'il s'agit par un de ses points h, pris arbitrairement, de lui mener une tangente, on aura la projection verticale de ce point en abaissant du point h sur fg la perpendiculaire hi'; on aura sa projection horizontale en projetant i' en H sur la courbe BCDE; on aura la projection horizontale de la tangente demandée, en menant la droite FN, tangente en H, à la courbe BCDE; et il suffira de rapporter sur le plan de la courbe un point quelconque de la tangente, celui, par exemple, qui est projeté sur le point N pris arbitrairement, et dont la projection verticale est sur fg en a'. Or, en raisonnant pour ce point comme pour tout autre point du plan coupant, il est clair que si par le point a' on mène à fg la perpendiculaire $a'n$, et que si sur cette droite on porte de a' en n la distance NA du point N à la droite EC, le point n sera le second point de la tangente. Donc en menant la droite hn, on aura la tangente demandée.

62. Quelle que soit la courbe donnée BCDE, on voit que l'intersection $e'kc'h$ jouit de la propriété, que, pour un de ses points quelconque, la sous-tangente $a'n$ est égale à la sous-tangente AN de la première. Cette propriété, qui est très-connue pour le cercle et l'ellipse, lorsque ces deux courbes ont un axe commun, n'a lieu par rapport à elles que parce qu'elles sont les intersections d'une même surface cylindrique par deux plans différens.

63. Enfin il peut arriver qu'on ait besoin de tracer sur le développement de la surface cylindrique l'effet de la section faite par le plan coupant. Pour cela, après avoir développé la courbe BCDE, avec toutes ses divisions, sur une droite RQ; si par toutes les divisions de RQ on lui mène des perpendiculaires indéfinies, on aura sur le développement

de la surface les traces des différentes positions de la droite génératrice, et il ne s'agira plus que de porter sur ces perpendiculaires les parties des génératrices correspondantes, comprises entre la section perpendiculaire BCDE, et la section faite par le plan coupant. Or, ces parties de génératrices sont égales à leurs projections verticales, et ces projections sont toutes terminées d'une part à la droite LM, et de l'autre à *fg*. Donc, si le point H, par exemple, tombe en S sur la droite RQ, en portant *ii'* sur la perpendiculaire qui passe par le point S, de S en T, le point T sera sur la surface développée, celui où la génératrice qui passe par le point H, est coupé par le plan coupant. La courbe XTYZ, qui passera par tous les points déterminés de la même manière, sera la courbe demandée.

64. Il est évident que si on prolonge la tangente au point H jusqu'à ce qu'elle rencontre la trace horizontale GF du plan coupant quelque part en un point F, et que si l'on porte HF sur RQ de S en U, la droite TU sera tangente à la courbe; car lorsque la surface cylindrique se développe, ses élémens ne changent pas d'inclinaison par rapport au plan horizontal.

Second cas, dans lequel on suppose la surface cylindrique et le plan coupant, placés d'une manière quelconque par rapport aux deux plans de projections.

65. *Solution. Fig.* 28. Soient AA' et *a a'* les deux projections de la droite à laquelle la génératrice doit être parallèle; CEDF, la trace donnée de la surface cylindrique; et HG, *hb*, les traces du plan coupant.

On imaginera une suite de plans parallèles à la génératrice de la surface cylindrique, et qui seront de plus tous perpendiculaires à un des plans de projections, par exemple, au plan horizontal; chacun de ces plans sera projeté suivant une droite OKE parallèle à AA', et coupera la surface en des droites qui seront des positions de la génératrice, et qui rencontreront le plan horizontal aux points d'intersection E, F, de la droite OKE avec la courbe CEDF. Si donc on projette les points E, F sur LM en *e, f*, et si par ces derniers points on mène à la droite *a a'* les parallèles *ee'*, *ff'*, on aura les projections verticales des intersections de la surface avec chacun des plans parallèles à la génératrice.

Ces mêmes plans couperont aussi le plan coupant en des droites qui seront parallèles entre elles , qui auront toutes leurs traces horizontales sur les différens points O de la droite H G, et dont les projections verticales seront aussi parallèles entre elles. Pour avoir ces projections, il faut d'abord chercher la direction de l'une d'elles, de celle , par exemple, qui correspond au plan vertical mené par A A'. Pour cela, si l'on prolonge A A' jusqu'à ce qu'elle rencontre, d'une part, la trace du plan coupant en un point N, et, de l'autre , la droite LM en un point B, et si l'on projette le point B en *b* sur *hb*, les deux points N et *b* seront sur les deux plans de projection les traces de l'intersection du plan coupant avec le plan vertical. Donc, si l'on projette le point N en *n* sur LM, et si l'on mène la droite *nb*, on aura la projection verticale de cette intersection. Donc, en projetant sur LM tous les points O , dans lesquels la trace GH est coupée par les projections des plans verticaux, ce qui donnera une suite de points *o*, et en menant par ces derniers les parallèles à *nb*, *oik*, on aura les projections verticales des intersections du plan coupant par la suite des plans verticaux. Donc enfin les points de rencontre *i*, *k* de chaque droite *oik* avec les projections *ee'*, *ff'* des sections faites dans la surface cylindrique par le plan vertical correspondant, seront sur la projection verticale de l'intersection demandée; et la courbe qui passera par tous les points *i*, *k*, ainsi déterminés, sera cette projection. Si l'on projette les points *i*, *k*, en J, K sur la projection OKE du plan vertical correspondant, on aura la projection horizontale des mêmes points, et la courbe K J P, qui passera par tous les points ainsi déterminés, sera la projection horizontale de l'intersection.

66. Pour avoir les tangentes de ces deux projections aux points J, *i*, il faut se rappeler que ces tangentes sont les projections de la tangente à l'intersection. Or cette dernière tangente , étant en même temps dans le plan coupant et dans le plan tangent à la surface cylindrique , doit avoir sa trace horizontale dans l'intersection des traces horizontales de ces deux plans : de plus, la trace du plan tangent est la tangente en F à la courbe C E D F. Donc, si l'on mène cette tangente, et si après l'avoir prolongée jusqu'à ce qu'elle rencontre la trace du plan coupant en un point G , on mène la droite GJ, cette droite touchera au point J la projection horizontale de l'intersection. Enfin , projetant le point G

sur

sur L M en g, et menant la droite gi, on aura la tangente en i de la projection verticale de la même courbe.

67. S'il faut construire la courbe de l'intersection, telle qu'elle existe dans son plan, on concevra que le plan coupant tourne autour de sa trace horizontale H G, comme charnière, pour s'appliquer sur le plan horizontal. Dans ce mouvement, chacun des points de la section, celui, par exemple, qui est projeté en J, décrira un arc de cercle dont le plan sera vertical, perpendiculaire à H G, et dont on aura la projection indéfinie, en menant par le point J une droite R J S perpendiculaire à H G : donc, lorsque le plan sera abattu, le point de la section tombera quelque part sur un point de cette droite. Reste à trouver la distance de ce point à la charnière : or la projection horizontale de cette distance est J R, et la différence des hauteurs de ses extrémités est la verticale is. Si l'on porte J R sur L M de s en r, l'hypoténuse ri sera cette distance. Donc, portant ri sur R J de R en S, le point S sera un des points de l'intersection considérée dans son plan abattu sur le plan horizontal ; et la courbe S T U V, menée par tous les points S semblablement construits, sera cette intersection elle-même.

68. Pour avoir la tangente de cette courbe au point S, il suffit d'observer que, pendant le mouvement du plan coupant, la tangente ne cesse pas de passer par le point G de la charnière : donc, si l'on mène la droite S G, on aura la tangente demandée.

69. *Deuxième question.* Construire l'intersection d'une surface conique à base quelconque donnée, par un plan donné de position ?

Solution. Nous supposerons, ce qui est toujours possible, que le plan vertical de projection soit placé perpendiculairement au plan coupant.

Soient A et a' (*fig.* 29) les projections du sommet du cône ou du centre de la surface conique, B C D E la trace de cette surface sur le plan horizontal, fg la projection verticale du plan coupant, et G f sa trace horizontale. On imaginera par le sommet du cône une suite de plans perpendiculaires au plan vertical de projection : les projections verticales de ces plans seront les droites $a'c$ menées par la projection.

K

du sommet ; et leurs traces horizontales seront les droites c C perpendiculaires à L M, qui couperont la trace de la surface conique quelque
part en des points C, C'.... Ces plans couperont la surface en des droites
dont les projections verticales seront les droites a' c...., et dont on aura
les projections horizontales en menant au point A les droites CA, C′ A....
les mêmes plans couperont aussi le plan coupant dans des droites qui
seront perpendiculaires au plan vertical. Les projections de ces droites
seront les points h... de rencontre de fg avec les droites a' c..., et on aura
leurs projections horizontales en abaissant des points h.... sur L M les perpendiculaires indéfinies h H.... Cela fait, les droites h H.... couperont les
droites correspondantes CA, C′ A..., en des points H, H′.... qui seront les
projections horizontales d'autant de points de l'intersection demandée ;
et la courbe PHQH′ qui passera par tous les points construits de cette
manière, sera la projection de l'intersection.

70. Pour mener à cette courbe une tangente par un point H pris à
volonté sur elle, il suffit de chercher sur le plan horizontal la trace de
la tangente de l'intersection dans le point qui correspond au point H.
Or cette trace doit être sur celle du plan coupant, et par conséquent
sur G f; elle doit être aussi sur celle du plan qui touche la surface
conique dans la droite, dont la projection est A H : de plus, si l'on prolonge A H jusqu'à ce qu'elle rencontre la courbe B C D E quelque part
en un point C, la tangente C F de cette courbe au point C sera la trace
horizontale du plan tangent. Donc le point F de rencontre des deux
traces fG, C F, sera sur la tangente au point H de la courbe PHQH′.

71. S'il est nécessaire de construire l'intersection considérée dans son
plan, on pourra indéfiniment concevoir, ou que le plan coupant tourne
autour de G f comme charnière, pour s'abattre sur le plan horizontal,
et construire la courbe dans la position qu'elle aura prise alors, ou
qu'il tourne autour de sa projection verticale fg pour s'appliquer sur
le plan vertical ; c'est cette dernière hypothèse que nous allons suivre.
Toutes les horizontales dans lesquelles la suite des plans menés par
le sommet, a coupé le plan coupant, et qui sont perpendiculaires
à fg, ne changent pas de grandeur dans le mouvement du plan coupant, et ne cessent pas d'être perpendiculaires à fg : donc, si par tous

les points h on mène à fg, des perpendiculaires indéfinies, et si l'on porte sur elles les horizontales correspondantes K H., K H', de h en N et en N', les points N et N' seront des points de la section ; et la courbe R N S N', menée par tous les points ainsi construits, sera l'intersection considérée dans son plan.

72. D'après tout ce qui précède, il est évident que, pour mener à cette courbe une tangente en un point N, pris arbitrairement sur elle, il faut du point N abaisser sur fg la perpendiculaire N h, mener la droite $a'h$ jusqu'à ce qu'elle rencontre L M en un point c, projeter ce dernier point en C sur la courbe B C D E, mener à cette courbe la tangente en C, qui coupera la trace G f quelque part en un point F, et porter F f perpendiculairement à fg de f en O. La droite O N sera la tangente demandée.

Quant à la manière de construire le développement de la surface conique à base quelconque, et de tracer sur ce développement l'effet de l'intersection par le plan coupant, nous l'exposerons incessamment, après avoir parlé de l'intersection de la surface conique par celle d'une sphère qui auroit son centre au sommet.

73. *Troisième question.* Construire l'intersection de deux surfaces coniques à bases circulaires, et dont les axes sont parallèles entre eux ?

Solution. Nous ne répéterons pas ici sur la *figure* 26 tout ce que nous avons dit en exposant la méthode générale à laquelle cette *figure* servoit de type ; nous observerons seulement que, dans le cas dont il s'agit ici, de même que dans celui de deux surfaces quelconques de révolution, les sections faites dans les deux surfaces par les plans horizontaux sont des cercles : mais nous entrerons dans quelques détails par rapport aux tangentes, dont nous n'avons pas eu occasion de parler.

74. Pour trouver la tangente au point D (*fig.* 26) de la projection horizontale de l'intersection, nous nous rappellerons qu'elle est la projection de la tangente de l'intersection des deux surfaces, au point qui correspond à D, et qu'il suffit, pour la déterminer, de trouver le point S qui est, sur le plan horizontal, la trace de la tangente de l'intersection.

K 2

Or cette dernière tangente est dans les deux plans qui touchent les surfaces coniques dans le point de l'intersection ; donc, si l'on trouve les traces horizontales R r, Q q, de ces deux plans tangens, elles détermineront par leur rencontre le point S. Mais le plan tangent à la première surface la touche dans une droite qui passe par le sommet, et dont on aura la projection horizontale en menant la droite indéfinie AD. De plus, si l'on prolonge AD jusqu'à ce qu'elle rencontre en un point Q la trace circulaire horizontale T Q U V de la surface, le point Q sera un point de la ligne de contact de la surface et du plan ; par conséquent la trace horizontale du plan sera tangente en Q au cercle T Q U V : soit donc menée cette tangente Q q. Pareillement, si l'on prolonge le rayon B D jusqu'à ce qu'il rencontre en R la trace horizontale circulaire R X Y Z de la seconde surface, et si l'on mène à ce cercle la tangente en R, cette droite R r sera la trace horizontale du plan tangent à la seconde surface. Donc, si par le point S d'intersection des deux tangentes Q q, R r, on mène la droite S D, on aura la tangente au point D de la projection horizontale de l'intersection.

Quant à la tangente au point correspondant d de la projection verticale, il est clair qu'on l'obtiendra en projetant le point S en s, et en menant ensuite la droite s d, qui sera cette tangente.

75. Il peut arriver qu'il soit nécessaire de construire sur le développement de l'une des surfaces coniques, peut-être même sur celui de chacune d'elles, l'effet de leur mutuelle intersection ; ce qui seroit nécessaire, par exemple, s'il falloit exécuter les cônes avec des substances flexibles, telles que des feuilles de métal : dans ce cas, on opérera pour chaque cône, comme nous allons l'indiquer pour le premier.

Nous observerons d'abord que, lorsqu'une surface conique se développe pour devenir plane, les lignes droites qui sont sur cette surface ne changent ni de forme, ni de grandeur, parce que chacune d'elles est successivement la charnière autour de laquelle s'opère le développement : ainsi tous les points de la surface restent toujours à la même distance du sommet. De plus, lorsque, comme dans ce cas, la surface conique est droite et circulaire, tous les points de la trace horizontale circulaire sont à égales distances du sommet ; ils doivent donc encore être à égale distance du sommet sur le développement, et par conséquent sur un arc de cercle dont le rayon est égal à la distance constante du sommet à la trace circulaire. Donc, si après avoir pris arbitrairement un point pour représenter le sommet sur le développement, on décrit de ce point, comme centre, et d'un rayon égal à a C, un arc de cercle indéfini, cet arc sera aussi indéfiniment le développement de la trace horizontale de la surface. Puis, si, à partir du point T de la trace par laquelle on veut commencer le développement, on porte l'arc de cercle T Q sur l'arc qu'on vient de décrire, on déterminera la position du point Q sur le développement ; et la droite indéfinie, menée par ce point au centre du développement, sera la position qu'occupera la droite de la surface qui est projetée en A Q, et sur laquelle devra se trouver le point D, d de la section rapportée. Pour construire ce point, il ne s'agira plus que de trouver sa distance au sommet, et la porter sur la droite indéfinie, à partir du centre du développement. Pour cela, par le point d dans la projection verticale, on menera l'horizontale $d\,k$ jusqu'à ce qu'elle coupe le côté a C du cône en un point k ; et la droite $a\,k$ sera cette distance. En construisant de même successivement tous les autres points de l'intersection, et faisant passer par tous ces points une courbe, on aura l'intersection des deux surfaces rapportée sur le développement de la première : on opérera de même pour la seconde surface.

76. *Quatrième question.* Construire l'intersection de deux surfaces coniques à bases quelconques?

Solution. Soient A, a (*fig.* 3o), les projections du sommet de la première surface ; C G D G' sa trace donnée sur le plan horizontal; B, b, les projections du sommet de la seconde ; et E H F H', sa trace sur le plan horizontal. On concevra par les deux sommets une droite, dont on aura les projections en menant les droites indéfinies A B, $a\,b$, et dont on construira facilement la trace I sur le plan horizontal. Par cette droite on concevra une série de plans qui couperont chacun les deux surfaces coniques dans le système de plusieurs lignes droites ; et celles de ces lignes droites qui seront dans le même plan, détermineront par leurs rencontres autant de points de l'intersection des deux surfaces. Les traces horizontales de tous les plans de cette série passeront néces-

sairement par le point I ; et, parce que la position de ces plans est
d'ailleurs arbitraire, on pourra donc se donner arbitrairement leurs
traces en menant par le point I tant de droites I K qu'on voudra, par
chacune desquelles on fera l'opération que nous allons décrire pour
une seule d'entre elles.

La trace K I de chacun des plans de la série coupera la trace horizontale de la première surface conique en des points G, G', qui seront
aussi les traces horizontales des lignes droites, suivant lesquelles le plan
coupe la surface conique : ainsi AG, AG', seront les projections horizontales indéfinies de ces droites, et on aura leurs projections verticales
en projetant G, G' en g, g', et en menant les droites indéfinies a g, a g'.
Pareillement la trace K I du même plan de la série coupera la trace
horizontale de la seconde surface conique dans des points H, H', par
lesquels si l'on mène indéfiniment B H, B H', on aura les projections
horizontales des droites, suivant lesquelles le même plan de la série
coupe la seconde surface ; et l'on aura leurs projections verticales en
projetant H, H' en h, h', et en menant les droites indéfinies b h, b h'.

Cela fait, pour le même plan dont la trace est K I, on aura sur la
projection horizontale un certain nombre de droites A G, A G', B H, B H' ;
et les points P, Q, R, S, où celles qui appartiennent à l'une des surfaces
rencontreront celles qui appartiennent à l'autre, seront les projections
horizontales d'autant de points de l'intersection des deux surfaces.
Ainsi, en opérant successivement de la même manière pour d'autres
lignes K I, on trouvera de nouvelles suites de points P Q R S ; et faisant ensuite passer par tous les points P une première branche de courbe,
par tous les points Q une seconde, par tous les points R une troisième, etc.,
on aura la projection horizontale de l'intersection demandée.

Pareillement, pour le même plan dont la trace est K I, on aura sur
la projection verticale un certain nombre de droites a g, a g', b h, b h',
dont les points de rencontre seront les projections verticales d'autant de
points de l'intersection.

Il faut observer ici qu'il n'est pas nécessaire de construire les deux
projections indépendamment l'une de l'autre, et qu'un point de l'une
étant construit, on peut le projeter dans l'autre projection sur l'une des
droites qui doit le contenir ; ce qui fournit les moyens de vérifier les
opérations, et d'éviter dans certains cas les intersections de droites qui
se couperoient sous des angles trop obliques.

77. Pour trouver les tangentes à la projection horizontale, celle, par exemple, qui la touche au point P, il faut construire la trace horizontale T de la tangente de l'intersection au point qui correspond à P. Or cette tangente est l'intersection des deux plans qui touchent les surfaces coniques dans ce point : sa trace sera donc dans la rencontre des traces horizontales de ces deux plans tangens. De plus, A G' P est la projection de la droite de contact du plan qui touche la première surface ; ainsi la trace de ce premier plan sera la tangente de la courbe CGDG' au point G' : soit G' T V cette tangente. Pareillement B H' P est la projection horizontale de la droite de contact du plan qui touche la seconde surface ; ainsi la trace horizontale de second plan tangent sera la tangente au point H' de la courbe E H F H' : soit H' T U cette tangente. Les deux tangentes G' V, H' U, se couperont donc en un point T, par lequel si l'on mène la droite T P, on aura la tangente au point P demandée.

En raisonnant de même pour les autres points Q, R, S, on trouvera, 1°. que la tangente en Q doit passer par le point de rencontre des tangentes en G' et en H ; 2°. que la tangente en R doit passer par la rencontre des tangentes en H et en G ; 3°. que la tangente en S doit passer par la rencontre des tangentes en G et en H'.

Quant aux tangentes de la projection verticale, elles n'ont aucune difficulté, lorsque celles de la projection horizontale sont déterminées ; car en projetant les traces horizontales des tangentes de l'intersection, on a les points par lesquels elles doivent passer.

78. *Cinquième question.* Construire l'intersection d'une surface conique à base quelconque, et de celle d'une sphère ?

Nous supposerons ici que les deux surfaces sont concentriques, c'est-à-dire que le sommet du cône est placé au centre de la sphère, parce que nous aurons besoin de ce cas particulier pour la question suivante.

Solution. Soient A, a (*fig.* 31), les projections du centre commun des deux surfaces, BCDE la trace horizontale donnée de la surface conique, a m le rayon de la sphère, et le cercle l g' f' m la projection verticale de la sphère. On concevra par le centre commun des deux surfaces une série de plans, que l'on pourra de plus supposer tous per-

pendiculaires à l'un des deux plans de projections. Dans la *figure* 31 ,
nous les avons supposés verticaux. Chacun de ces plans coupera la
surface conique dans un systême de lignes droites, et la surface de la
sphère dans la circonférence d'un de ses grands cercles ; et pour chaque
plan les rencontres de ces droites avec la circonférence du cercle
détermineront des points de l'intersection demandée : soient donc menées
par le point A tant de droites indéfinies C A E qu'on voudra, qui seront
les projections horizontales d'autant de plans verticaux de la série, et
en même temps celles des lignes suivant lesquelles ces plans coupent
les deux surfaces. Chaque droite C A E coupera la trace horizontale BCDE
de la surface conique en des points C , E , qui seront les traces horizontales des sections faites dans cette surface par le plan correspondant ;
et si , après avoir projeté les points C , E sur L M en *c*, *e*, on mène
les droites *a c*, *a e*, on aura les projections verticales des mêmes sections.
Il s'agit actuellement de trouver les rencontres de ces sections avec celles
de la sphère par le même plan.

Pour cela, après avoir mené par le point A la droite G A F parallèle
à L M , on concevra que le plan vertical mené par C E tourne autour
de la verticale élevée par le point A , et projetée en *a′ a* , comme charnière , jusqu'à ce qu'il devienne parallèle au plan vertical de projection ,
et de plus qu'il entraîne avec lui les sections qu'il a faites dans les deux
surfaces. Dans ce mouvement, les points C , E décriront autour du
point A , comme centre , des arcs de cercle C G , E F , et viendront s'appliquer en G , F ; et si l'on projette ces derniers points sur L M en *g*, *f*,
les droites *a g*, *a f*, seront les projections verticales des sections faites
dans la surface conique, considérées dans la nouvelle position qu'elles
ont prise en vertu du mouvement du plan. La section faite dans la
surface de la sphère, considérée de même dans la nouvelle position ,
aura pour projection verticale la circonférence *l g′ f″ m*. Donc les points
de rencontre *g′*, *f″* de cette circonférence avec les droites *a g*, *a f* seront
les projections de points de l'intersection demandée, considérés aussi
dans la nouvelle position du plan.

Actuellement, pour avoir les projections des mêmes points considérés
dans leur position naturelle , il faut supposer que le plan vertical de la
série retourne dans sa position primitive. Dans ce mouvement, tous ses
points , et par conséquent ceux de l'intersection qu'il contient, décri-

ront

ront des arcs de cercles horizontaux autour de la verticale élevée par
le point A comme axe, et dont les projections verticales seront des
droites horizontales. Donc, si par les points f', g', on mène les horizontales $f'h$, $g'i$, elles contiendront les projections verticales des points
de l'intersection : mais ces projections doivent aussi se trouver sur les
droites respectives ac, ae ; donc elles seront aux points de rencontre i, h
de ces dernières droites avec les horizontales $g'i$, $f'h$. Ainsi la courbe $khni$,
menée par tous les points construits de la même manière pour toute
autre droite que C E, sera la projection verticale de l'intersection demandée.

Si l'on projette les points i, h, sur CE en J, H, on aura les projections
horizontales des mêmes points de l'intersection ; et la courbe K H N J
menée par tous les points J, H, construits de la même manière pour
toute autre droite que CE, sera la projection horizontale de l'intersection.

79. Pour trouver la tangente au point J de la projection horizontale, il faut construire la trace horizontale P de la tangente au point
correspondant de l'intersection. Cette trace doit se trouver à la rencontre des traces des plans tangens aux deux surfaces au point de
l'intersection qui correspond au point J. Or il est évident que, si par
le point C on mène à la courbe B C D E la tangente C P, on aura la
trace du plan tangent à la surface conique. Quant à celle du plan
tangent à la surface de la sphère, on opérera comme nous l'avons vu
pour les surfaces de révolution, c'est-à-dire en menant par le point g'
au cercle $lf'g'm$ la tangente $g'o$ prolongée jusqu'à la droite L M en o,
en portant ensuite $a'o$ sur C E de A en O, et menant par le point O
la droite O P perpendiculaire à C E. Donc les deux traces C P, O P, se
couperont en un point P, par lequel si l'on mène la droite J P, on
aura la tangente au point J.

Enfin il est évident que l'on aura la tangente au point i de la projection verticale de l'intersection, en projetant le point P sur L M en p,
et menant ensuite la droite ip, qui sera la tangente demandée.

80. Si la sphère et la surface conique n'étoient pas concentriques,
il faudroit concevoir par leurs deux centres une ligne droite, et choisir

L

la série de plans coupans qui passeroit par cette droite. Chacun de ces plans couperoit la surface conique dans des droites, et celle de la sphère dans un de ses grands cercles, comme dans le cas précédent ; ce qui donne également une construction simple : mais alors il seroit avantageux de placer le plan vertical de projection parallèlement à la droite menée par les deux centres, afin que, dans le mouvement que l'on fait faire à chaque plan coupant pour le rendre parallèle au plan vertical de projection, les deux centres soient immobiles, et ne changent pas de projections ; ce qui simplifie les constructions.

81. *Sixième question.* Construire le développement d'une surface conique à base quelconque, et rapporter sur cette surface ainsi développée une section dont on a les deux projections ?

Solution. On concevra la surface d'une sphère d'un rayon pris à volonté, et dont le centre soit placé au sommet du cône, et on construira, comme nous l'avons fait dans la question précédente, les projections de l'intersection de ces deux surfaces. Cela fait, il est évident que tous les points de l'intersection sphérique étant à la même distance du sommet, ils doivent aussi sur la surface développée se trouver à la même distance du sommet, et par conséquent sur un arc de cercle décrit du sommet comme centre, et avec un rayon égal à celui de la sphère. Ainsi, en supposant que le point R (*fig.* 33) soit le sommet de la surface développée, si de ce point comme centre, et d'un rayon égal à *a m* (*fig.* 31), on décrit un arc de cercle indéfini STU, ce sera sur cet arc que tous les points de l'intersection sphérique viendront s'appliquer, de manière que les parties de cet arc seront respectivement égales aux parties correspondantes de l'intersection sphérique. Il s'agit donc actuellement, après avoir pris à volonté sur cette intersection un point pour origine, par exemple, celui qui est projeté en N, *n* (*fig.* 31), et un point S (*fig.* 33) pour son correspondant sur la surface développée, de développer les différens arcs de l'intersection sphérique, et de les porter successivement sur l'arc de cercle STU de S en des points T. Pour cela, la courbe sphérique étant à double courbure, il faut lui faire perdre successivement ses deux courbures, sans altérer sa grandeur, de la manière suivante :

L'intersection sphérique étant projetée sur le plan horizontal en NJKH (*fig.* 31), on peut la regarder comme tracée sur la surface d'un cylindre vertical, dont la base seroit NJKH : on pourra donc développer cette surface, comme nous l'avons indiqué (*fig.* 27), et rapporter sur cette surface cylindrique développée l'intersection sphérique, en développant l'arc N J (*fig.* 31) en N′ J′ (*fig.* 32), et en portant la verticale *i′ i* (*fig.* 31) perpendiculairement à N′ N′ (*fig.* 32) de J′ en J″. La courbe N″J″K″N″, qui passera par tous les points J″ ainsi déterminés, sera l'intersection sphérique privée de sa courbure horizontale, sans avoir changé de longueur. On aura la tangente au point J″ de cette courbe, en prenant J P (*fig.* 31), et la portant sur N′ N′ (*fig.* 32) de J′ en P′, et menant la droite J″ P′.

Actuellement on développera la courbe N″J″K″H″N″ pour la replier sur l'arc S T U (*fig.* 33) : par exemple, on portera l'arc N″J″ de S en T, et le point T sera, sur la surface conique développée, le point où s'applique celui de l'intersection sphérique, dont les projections sont J, *i* (*fig.* 31). Donc, si l'on mène la droite R T, on aura sur le développement de la surface, la génératrice dont la projection horizontale est A C (*fig.* 31) : enfin, s'il se trouve sur cette génératrice un point qu'il faille rapporter sur la surface développée, il ne s'agira plus que de prendre (*fig.* 31) la distance de ce point au sommet de la surface conique, et de la porter (*fig.* 33) sur R T de R en V ; et le point V sera sur la surface développée celui que l'on considère.

82. *Septième question.* Construire l'intersection de deux surfaces cylindriques à bases quelconques ?

Solution. Lorsque, dans la recherche qui donne lieu à la question dont-il s'agit, on n'a pas d'autres intersections à considérer que celle des deux surfaces cylindriques, et sur-tout quand ces surfaces sont à bases circulaires, il est avantageux de choisir les plans de projections, de manière que l'un d'entre eux soit parallèle aux génératrices des deux cylindres : par là l'intersection se construit sans employer d'autres courbes que celles qui sont données. Mais, lorsque l'on doit considérer en même temps les intersections de ces surfaces avec d'autres, il n'y a plus d'avantage à changer de plans de projections ; et même il est plus facile de se représenter les objets en les rapportant tous aux mêmes plans. Nous allons donc supposer les génératrices des deux surfaces, placées d'une manière quelconque, par rapport aux plans de projections.

Soient donc T F F' U, X G G' V, les traces horizontales données des deux surfaces cylindriques ; A B, *a b*, les projections données de la droite à laquelle la génératrice de la première doit être parallèle ; CD, *c d*, celles de la droite à laquelle doit être parallèle la génératrice de la seconde. On concevra une série de plans parallèles aux deux génératrices. Ces plans couperont les deux surfaces dans des lignes droites ; et les rencontres des sections faites dans la première surface, par les sections faites dans la seconde, détermineront les points de l'intersection demandée.

Ainsi, après avoir construit, comme dans la *figure* 15, la trace horizontale A E d'un plan mené par la première droite donnée parallèlement à la seconde, on menera à cette trace tant de droites parallèles F G' qu'on voudra, et l'on regardera ces parallèles comme les traces des plans de la série. Chaque droite F G' coupera la trace de la première surface en des points F, F', et celle de la seconde en d'autres points G, G', par lesquels on menera aux projections des génératrices respectives les parallèles F H, F' H' . . . . G J, G' J' ; et les points de rencontre P, Q, R, S de ces droites, seront les projections horizontales d'autant de points de l'intersection des deux surfaces. En opérant de même pour la suite des droites F G', on trouvera une suite de systêmes de points P, Q, R, S, et la courbe qui passera par tous les points trouvés de la même manière, sera la projection horizontale de l'intersection.

Pour avoir la projection verticale, on projetera sur L M les points F, F' . . . . . G, G' . . . . . en *f, f'* . . . . . *g, g'* . . . . ., et, par ces derniers points, on menera aux projections des génératrices respectives les parallèles *f h, f'' h'* . . . . *g i, g' i'* . . . . qui, par leurs rencontres, détermineront les projections verticales *p, q, r, s* des points de l'intersection. En opérant de même pour toutes les autres droites F G', on aura de nouveaux points *p, q, r, s* ; et la courbe qui passera par tous ces points, sera la projection verticale de l'intersection.

Pour avoir les tangentes de ces courbes aux points P et *p*, on construira la trace horizontale F' Y du plan tangent en ce point à la première surface cylindrique ; puis la trace G' Y du plan tangent en ce même point à la seconde ; et la droite menée du point P au point Y de rencontre de ces traces, sera la tangente en P. Enfin, projetant Y sur LM en y, et menant la droite py, on aura la tangente au point p de la projection verticale.

83. *Huitième question*. Construire l'intersection de deux surfaces de révolution, dont les axes sont dans un même plan?

Solution. On disposera les plans de projections, de manière que l'un d'entre eux soit perpendiculaire à l'axe d'une des surfaces, et que l'autre soit parallèle aux deux axes. D'après cela, soient A (*fig.* 35) la projection horizontale de l'axe de la première surface, aa' sa projection verticale, et $c\,d\,e$ la génératrice donnée de cette surface. Soit A B, parallèle à LM, la projection horizontale de l'axe de la seconde surface, $a'b$ sa projection verticale, de manière que A et a' soient les projections du point de rencontre des deux axes; et soit $f\,g\,h$ la génératrice donnée de cette seconde surface. On concevra une série de surfaces sphériques, dont le centre commun soit placé au point de concours des deux axes. Pour chacune des surfaces de cette série, on construira la projection $i\,k\,n\,o\,p\,q$ du grand cercle parallèle au plan vertical de projection; et ces projections, qui seront des arcs de cercle décrits du point a' comme centre, et avec des rayons arbitraires, couperont les deux génératrices en des points k, p.

Cela posé, chaque surface sphérique coupera la première surface dans la circonférence d'un cercle, dont le plan sera perpendiculaire à l'axe $a\,a'$, et dont on aura la projection verticale en menant l'horizontale $k\,o$, et dont on aura la projection horizontale en décrivant du point A comme centre, et d'un diamètre égal à $k\,o$, la circonférence de cercle KROR'. De même chaque surface sphérique de la série coupera la seconde surface de révolution dans la circonférence d'un cercle dont le plan sera perpendiculaire au plan vertical de projection, et dont on aura la projection verticale en menant par le point p une droite $p\,n$ perpendiculaire à $a'b$.

Si le point r, dans lequel se coupent les deux droites $k\,o$, $p\,n$, est plus près de deux axes respectifs que n'en sont les points k, p, il est évident que les deux circonférences de cercles se couperont en deux points, dont le point r sera la projection verticale commune; et la courbe menée

par tous les points *r* construits de la même manière sera la projection verticale de l'intersection des deux surfaces. Projetant le point *r* sur la circonférence du cercle K R O R' en R et R', on aura les projections horizontales des deux points de rencontre des circonférences de cercles qui se
trouvent sur la même sphère ; et la courbe menée par tous les points
R, R' construits de la même manière, sera la projection horizontale
de l'intersection demandée.

Ces exemples doivent suffire pour faire connaître la manière dont il
faut employer la méthode de construire les intersections des surfaces,
et de leur mener des tangentes, sur-tout si les élèves s'appliquent à
construire avec la plus grande exactitude, s'ils emploient de grandes
dimensions, et si, autant qu'il sera possible, ils tracent les courbes
dans toute leur étendue.

84. Dans tout ce qui précède, nous avons regardé les courbes à
double courbure comme déterminées chacune par deux surfaces courbes
dont elle est l'intersection, et c'est, en effet, le point de vue sous lequel
elles se présentent le plus ordinairement dans la géométrie descriptive.
Dans ce cas, nous avons vu qu'il est toujours possible de leur mener
des tangentes. Mais de même qu'une surface courbe peut être définie
au moyen de la forme et du mouvement de sa génératrice, il peut
arriver aussi qu'une courbe soit donnée par la loi du mouvement d'un
point générateur ; et alors, pour lui mener une tangente, si l'on ne
veut pas avoir recours à l'analyse, on peut employer la méthode de
Roberval. Cette méthode, qu'il inventa avant que Descartes eût appli-
qué la géométrie à l'algèbre, est implicitement comprise dans les procédés du calcul différentiel, et c'est pour cela que les élémens de
mathématiques n'en font pas mention ; nous nous contenterons ici de
l'exposer d'une manière sommaire. Ceux qui desireront en voir des
applications nombreuses, pourront consulter les *Mémoires de l'Acadé-
mie des sciences*, antérieurs à 1699, dans lesquels les ouvrages de
Roberval ont été recueillis.

85. Lorsque, d'après la loi de son mouvement, un point générateur
est perpétuellement poussé vers un même point de l'espace, la ligne
qu'il parcourt en vertu de cette loi, est droite : mais si, dans chaque

instant de son mouvement, il est en même temps poussé vers deux points, la ligne qu'il parcourt, et qui, dans quelques cas particuliers, peut encore être une droite, est en général une ligne courbe. On aura la tangente à cette courbe en menant par le point de la courbe deux droites, suivant les deux directions différentes du mouvement du point générateur ; en portant sur ces directions, et dans le sens convenable, des parties proportionnelles aux deux vîtesses respectives de ce point ; en achevant le parallélogramme, et en menant la diagonale, qui sera la tangente demandée : car cette diagonale sera dans la direction du mouvement du point décrivant, au point de la courbe que l'on considère.

86. Nous ne citerons qu'un seul exemple.

Un fil A M B (*fig.* 36) étant attaché par ses extrémités à deux points fixes A, B, si, au moyen d'une pointe M, on tend ce fil, et si l'on fait mouvoir la pointe, de manière que le fil soit toujours tendu, la pointe décrira une courbe D C M qui, comme on sait, est une ellipse dont les points fixes A, B, sont les foyers. D'après la génération de cette courbe, il est très-facile de lui mener une tangente par la méthode de Roberval. En effet, puisque la longueur du fil ne change pas, dans chaque instant du mouvement le rayon A M s'alonge de la même quantité dont le rayon B M se raccourcit. La vîtesse du point décrivant dans la direction A M est donc égale à sa vîtesse dans la direction M Q. Donc, si l'on porte sur M B, et sur le prolongement de A M, des droites égales M Q, M P, et si l'on achève le parallélogramme M P R Q, la diagonale M R de ce parallélogramme sera la direction du point générateur en M, et par conséquent la tangente au même point de la courbe. On voit clairement d'après cela que dans l'ellipse la tangente partage en deux parties égales l'angle B M P formé par un des rayons vecteurs et par le prolongement de l'autre, que les angles A M S et B M R sont égaux entre eux, et que la courbe doit avoir la propriété de réfléchir à un des foyers les rayons de lumière émanés de l'autre.

Il est facile d'étendre la méthode de Roberval au cas des trois dimensions, et de l'appliquer à la construction des tangentes des courbes à double courbure. En effet, si un point générateur se meut dans l'espace, de manière qu'à chaque instant de son mouvement il soit poussé vers trois points différens, la ligne qu'il parcourt, et qui dans quelques cas particuliers peut être plane et même droite, est en général une courbe à double courbure. On aura la tangente de cette courbe en un point quelconque, en menant par ce point des droites, suivant les trois directions différentes des mouvemens du point générateur ; en portant sur ces droites, et dans le sens convenable, des parties proportionnelles aux trois vîtesses respectives de ce point ; en achevant le parallélipipède, et en menant la diagonale du parallélipipède, qui sera la tangente de la courbe au point que l'on considère.

87. Nous allons appliquer cette méthode à un cas analogue à celui de l'ellipse ; et la *figure* 37, que nous allons employer, représentera l'objet en perspective, et non pas en projection.

Trois points fixes A, B, C, étant donnés dans l'espace, soit un premier fil A M B attaché par ses deux extrémités aux points A et B ; soit un autre fil A M C, d'une grandeur indépendante de celle du premier, et qui soit attaché par ses extrémités aux deux points A et C ; si un point générateur, saisissant en même temps les deux fils, se meut de manière que ces fils soient toujours tendus, il parcourra une courbe à double courbure. Pour mener à cette courbe une tangente au point M, il faut remarquer que la longueur du premier fil A M B étant constante dans chaque instant du mouvement, la quantité dont la partie A M s'alonge, est égale à celle dont la partie M B se raccourcit, et que la vîtesse du point générateur dans la direction A M est égale à sa vîtesse dans la direction M B. De même la longueur du fil A M C étant constante, la vîtesse du point générateur dans la direction M C est encore égale à sa vîtesse dans la direction A M. Donc, si sur le prolongement de A M, et sur les droites MB, MC, on porte les parties égales MP, MQ, MR, et si l'on achève le parallélipipède M P U S V Q R T, la diagonale M S de ce parallélipipède sera la tangente demandée.

Comme la méthode de Roberval est fondée sur le principe de la composition du mouvement, il est facile d'appercevoir que, dans les cas moins simples que ceux que nous avons choisis pour exemples, on peut s'aider des méthodes connues pour trouver la résultante de forces qui sont dirigées vers un point, et dont on connoît les grandeurs et les directions.

IV.

I V.

Application de la méthode de construire les intersections des surfaces courbes à la solution de diverses questions.

88. Nous avons donné (*fig.* 26) la méthode de construire les projections de l'intersection de deux surfaces courbes définies de forme et de position ; et nous l'avons fait d'une manière abstraite , c'est-à-dire , sans nous occuper de la nature des questions qui pourroient rendre nécessaires de pareilles recherches. L'exposition de cette méthode , considérée d'une manière abstraite , seroit suffisante pour le plus grand nombre des arts ; car, si l'on prend pour exemples l'art de la coupe des pierres et celui de la charpenterie , les surfaces courbes que l'on y considère , et dont on peut avoir besoin de construire les intersections, forment ordinairement l'objet principal dont on s'occupe, et elles se présentent naturellement. Mais la géométrie descriptive devant devenir un jour une des parties principales de l'éducation nationale , parce que les méthodes qu'elle donne sont aussi nécessaires aux artistes que le sont la lecture, l'écriture et l'arithmétique , nous croyons qu'il est utile de faire voir par quelques exemples comment elle peut suppléer l'analyse pour la solution d'un grand nombre de questions, qui, au premier apperçu, ne paroissent pas de nature à devoir être traitées de cette manière. Nous commencerons d'abord par des exemples qui n'exigent que les intersections de plans ; nous passerons ensuite à ceux pour lesquels les intersections de surfaces courbes sont nécessaires.

89. La première question qui frappe d'une manière remarquable ceux qui apprennent les élémens de géométrie ordinaire, est la recherche du centre du cercle dont la circonférence passe par trois points placés arbitrairement sur un plan. La détermination de ce centre par l'intersection de deux lignes droites , sur chacune desquelles il doit se trouver nécessairement, frappe les élèves , et par sa généralité , et parce qu'elle donne un moyen d'exécution. Si toute la géométrie étoit traitée de cette manière, ce qui est possible, elle conviendroit à un plus grand nombre d'esprits ; elle seroit cultivée et pratiquée par un plus grand nombre

M

d'hommes ; l'instruction moyenne de la nation seroit plus avancée , et la science elle-même seroit poussée plus loin. Il existe dans les trois dimensions une question analogue à celle que nous venons de citer, et c'est par elle que nous allons commencer.

90. *Première question.* Trouver le centre et le rayon d'une sphère dont la surface passe par quatre points donnés arbitrairement dans l'espace ?

Solution. Les quatre points étant donnés par leurs projections horizontales et verticales, on concevra par l'un d'eux des droites menées à chacun des trois autres ; et l'on tracera les projections horizontales et verticales de ces trois droites. Puis, considérant la première de ces droites, il est évident que le centre demandé devant être à égales distances de ses deux extrémités, il doit se trouver sur le plan perpendiculaire à cette droite, et mené par son milieu. Si donc on divise en parties égales les projections de la droite, ce qui donnera les projections de son milieu, et si l'on construit les traces du plan mené par le point perpendiculairement à la droite, ce que nous savons faire, on aura les traces d'un plan sur lequel le centre demandé doit se trouver. Considérant ensuite les deux autres droites, et faisant successivement pour chacune d'elles la même opération, on aura les traces des trois plans différens, sur chacun desquels doit se trouver le centre demandé. Or, tant que le centre doit être sur le premier de ces plans et sur le second, il doit être sur la droite de leur intersection ; donc, si l'on construit les projections de cette intersection, on aura sur chaque plan de projection une droite qui contiendra la projection du centre. Par la même raison, si l'on construit les projections de l'intersection du premier plan et du troisième, on aura encore sur chaque plan de projection une autre droite qui contiendra la projection du centre. Donc sur chaque plan de projection on aura deux droites, qui, par leur intersection, détermineront la projection demandée du centre de la sphère.

Si l'on employoit l'intersection du second plan et du troisième, on auroit une troisième droite qui passeroit par le centre, et dont les projections passeroient encore par les projections demandées, ce qui fournit un moyen de vérification.

Quant au rayon, il est évident que si par la projection du centre et par celle d'un des points donnés on mène une droite, elle sera sa projection ; on pourra donc avoir la projection horizontale et la projection verticale du rayon, et par conséquent sa grandeur.

91. Si l'on est libre de choisir la position des plans de projections, la méthode précédente peut être considérablement simplifiée. En effet, supposons que celui de ces plans que nous regardons comme horizontal (*fig.* 38), passe par trois points donnés ; de manière que des projections données A, B, C, D des quatre points, les trois premières se confondent avec leurs points respectifs ; puis, après avoir mené les trois droites AB, AC, AD, supposons que le plan vertical soit parallèle à AD, c'est-à-dire que les droites LM et AD soient parallèles entre elles ; les projections verticales des trois premiers points seront sur LM en des points a, b, c, et celle du quatrième sera donnée quelque part en un point d de la droite Dd perpendiculaire à LM. Cela posé, la droite menée du point A au point B étant horizontale, tout plan qui lui sera perpendiculaire, sera vertical, et aura pour projection horizontale une droite perpendiculaire à AB. Il en est de même pour la droite menée du point A au point C. Donc, si sur le milieu de AB on lui mène la perpendiculaire indéfinie Ee, cette perpendiculaire sera la projection horizontale d'un plan vertical qui passe par le centre de la sphère ; donc la projection horizontale du centre sera quelque part sur la droite Ee. De même, si sur le milieu de AC on lui mène la perpendiculaire indéfinie Ff, cette perpendiculaire sera la projection d'un second plan vertical qui passe par le centre de la sphère, et la projection horizontale de ce centre sera quelque part sur un point de la droite Ff; donc le point G d'intersection des deux droites Ee, Ff, sera la projection horizontale du centre de la sphère, dont la projection verticale sera par conséquent sur la droite indéfinie de projection G$g g'$.

La droite menée du point A au quatrième point étant parallèle à sa projection verticale ad, tout plan qui lui sera perpendiculaire, sera aussi perpendiculaire au plan vertical de projection, et aura pour projection verticale une droite perpendiculaire à ad. Donc, si sur le milieu de ad on lui mène une perpendiculaire indéfinie Hh, on aura la projection d'un troisième plan qui passe par le centre de la sphère; donc la projec-

M 2

tion verticale de ce centre, devant se trouver en même temps et sur gg',
et sur Hh, sera au point K d'intersection de ces deux droites.

Enfin, si l'on mène les deux droites AG, aK, on aura évidemment
les deux projections d'un même rayon de la sphère; donc, si l'on porte AG
sur LM, de g en J, la droite JK sera la grandeur du rayon demandé.

92. *Deuxième question.* Inscrire une sphère dans une pyramide trian-
gulaire donnée; c'est-à-dire, trouver la position du centre de la sphère,
et la grandeur de son rayon?

Solution. La surface de la sphère inscrite devant toucher les quatre
faces de la pyramide, il est évident que si par le centre de la sphère
et par chacune de six arêtes on conçoit un plan, ce plan partagera
en deux parties égales l'angle que forment entre elles les deux faces qui
passent par la même arête. Si donc parmi les six arêtes on en choisit
trois qui ne passent pas toutes par le même sommet d'angle solide, et
si par chacune de ces arêtes on fait passer un plan qui partage en deux
parties égales l'angle formé par les deux faces correspondantes, on aura
trois plans, sur chacun desquels le centre de la sphère demandée doit se
trouver, et qui, par leur intersection commune, doivent déterminer la
position de ce centre.

93. Pour simplifier la construction, nous supposerons que les plans
de projections aient été choisis de manière que celui que nous
regarderons comme horizontal, soit le même qu'une des faces de la
pyramide.

Soient donc (*fig.* 39, *pl.* XX), A, B, C, D, les projections horizontales
données des sommets de quatre angles solides de la pyramide, et a, b, c, d',
leurs projections verticales; par le sommet de la pyramide, on concevra
des plans perpendiculaires aux trois côtés de la base; ces plans seront verticaux, et leurs projections horizontales seront les droites DE, DF, DG,
abaissées perpendiculairement du point D sur les côtés AC, CB, BA de
la base. Chacun de ces plans coupera la base de la pyramide et la face
qui passe par l'arête, en deux droites qui comprendront entre elles un
angle égal à celui que la face forme avec la base. Si donc on porte sur LM
les droites DE, DF, DG, à partir de la verticale Ddd', de d

en e, f, g, et si par le sommet d' on mène les droites $d' e$, $d' f$, $d' g$, ces droites formeront avec LM des angles égaux à ceux que les faces correspondantes de la pyramide forment avec la base ; et si l'on partage chacun de ces trois angles en deux parties égales par les droites $e e'$, ff', gg', les angles que ces dernières droites formeront avec LM, seront égaux à ceux que formeroient avec la base les faces d'une seconde pyramide qui auroit la même base que la pyramide donnée, et dont le sommet seroit au centre de la sphère demandée.

Pour trouver le sommet de cette seconde pyramide, on la coupera par un plan horizontal, mené à une hauteur arbitraire, et dont on aura la projection verticale, en menant une horizontale quelconque $p\,n$. Cette droite coupera $e e'$, ff', gg'; en des points h', i', k', desquels on abaissera sur LM les verticales $h' h$, $i' i$, $k' k$; et si l'on porte les trois distances $h e$, $i f$, $k g$, sur les perpendiculaires respectives de E en H, de F en J et de G en K, on aura en H, J, K, les projections horizontales de points pris dans les trois faces de la seconde pyramide, et qui se trouvent sur le plan horizontal arbitraire. Donc, si, par les points H, J, K, on mène aux côtés respectifs de la base des parallèles P N, N O, O P, ces droites seront les projections des sections des trois faces de la seconde pyramide par le même plan horizontal; elles se couperont en des points N, O, P, qui seront les projections d'autant de points des trois arêtes de la seconde pyramide; et si par ces points on mène aux sommets des angles respectifs de la base des droites indéfinies A P, B O, C N, ces droites seront les projections des arêtes; enfin le point unique Q, dans lequel elles se rencontreront toutes trois, sera la projection horizontale du sommet de la seconde pyramide, et par conséquent du centre de la sphère demandée.

Pour avoir la projection verticale de ce centre, on menera d'abord la droite indéfinie de projection $Q\,q\,q'$, sur laquelle elle doit se trouver ; puis on projetera les trois points N, O, P, sur l'horizontale np en n, o, p; par les projections a, b, c des sommets des angles respectifs de la base, on menera les droites $a p, b o, c n$, qui seront les projections verticales des trois arêtes; et le point unique q', dans lequel ces trois dernières droites se couperont, et qui sera en même temps sur la droite $Q\,q\,q'$, sera la projection verticale du centre de la sphère.

Enfin la verticale $q\,q'$ sera évidemment égale au rayon de la sphère inscrite, et les points Q, q, seront les projections du point de contact de la surface de la sphère avec le plan de la base.

94. Nous avons fait voir (3) par quelles considérations on pouvoit déterminer la position d'un point, lorsqu'on connoissoit ses distances à trois points connus de position ; nous allons actuellement donner la construction de cette question.

Troisième question. Construire les projections d'un point dont on connoît les distances à trois autres points donnés dans l'espace. ?

Solution. Nous supposerons les plans de projections choisis, de manière que celui que nous regarderons comme horizontal, passe par les trois points donnés, et que l'autre soit perpendiculaire à la droite qui joint deux de ces points. D'après cela, soient A, B, C (*fig.* 40, planche XIX), les trois points donnés, A′, B′, C′ les distances données de ces points au point demandé. On joindra deux des points par la droite A B, perpendiculairement à laquelle on menera la droite L M qui détermine la position du plan vertical de projection. Puis, des points A, B, C, comme centres, et avec des rayons égaux aux distances respectives A′, B′, C′, on décrira trois arcs de cercles qui se couperont deux à deux en des points D, E, F, J, P, Q ; par les points d'intersection de ces arcs considérés deux à deux, on menera les droites D E, F J, P Q, qui seront les projections horizontales des circonférences de cercles, dans lesquelles les trois sphères se coupent ; et le point unique N, dans lequel ces trois droites se rencontreront, sera évidemment la projection horizontale du point demandé.

Pour avoir la projection verticale du même point, on menera la ligne de projection indéfinie N $n n'$; puis, observant que le cercle projeté en D E est parallèle au plan vertical, et que sa projection sur ce plan doit être un cercle de même rayon, on projetera la droite A B sur L M au point r, duquel, comme centre, et avec un intervalle égal à D R, ou à la moitié de D E, on décrira le cercle $d n e n'$; et la circonférence de ce cercle coupera la droite N $n n'$ en deux points n, n', qui seront indifféremment la projection verticale du point demandé.

Ce sera d'après les autres circonstances de la question, qu'on déterminera si les deux points *n* et *n'* doivent être tous deux employés ; et dans le cas où il n'y en auroit qu'un de nécessaire, quel est celui qui doit être rejeté.

Le lecteur pourra se proposer de construire les projections d'un point dont on connoît les distances à trois lignes données dans l'espace.

95. *Quatrième question.* Un ingénieur parcourant un pays de montagnes, soit pour étudier la forme du terrain, soit pour faire le projet de travaux publics qui dépendent de cette forme, est muni d'une carte topographique, dans laquelle non seulement les projections des différens points du terrain sont exactes, mais encore les hauteurs de tous ces points au-dessus d'une même surface de niveau sont indiquées par des nombres placés à côté des points respectifs, et auxquels on a coutume de donner le nom de *cotes*. Il rencontre un point remarquable qui n'est pas placé sur la carte, soit parce qu'il a été omis, soit parce qu'il a été rendu remarquable depuis la confection de la carte. L'ingénieur ne porte avec lui d'autre instrument d'observation qu'un graphomètre propre à mesurer les angles, et cet instrument est garni d'un fil à plomb.

On demande que, sans quitter la station, il construise sur la carte la position du point où il est, et qu'il trouve la cote qui convient à ce point, c'est-à-dire sa hauteur au-dessus de la surface de niveau ?

Moyen de solution. Parmi les points du terrain marqués d'une manière précise sur la carte, et qui seront les plus voisins, l'ingénieur en distinguera trois, dont deux au moins ne soient pas à même hauteur que lui ; puis il observera les angles formés par la verticale et les rayons visuels dirigés à ces trois points, et d'après cette seule observation il pourra résoudre la question.

En effet, nommons A, B, C les trois points observés dont il a les projections horizontales sur la carte, et dont il pourra construire les projections verticales au moyen de leurs cotes. Puisqu'il connoît l'angle formé par la verticale et par le rayon visuel dirigé au point A, il connoît aussi l'angle formé par le même rayon et par la verticale élevée au point A ; car en négligeant la courbure de la terre, ce qui est convenable, ces deux angles sont alternes internes, et par conséquent égaux. Si donc il conçoit une surface conique à base circulaire, dont le sommet soit au point A, dont l'axe soit vertical, et dont l'angle formé par l'axe et par la droite génératrice soit égal à l'angle observé, ce qui détermine complétement cette surface, elle passera par le rayon visuel dirigé au point A, et par conséquent par le point de la station : ainsi il aura une première surface courbe déterminée, sur laquelle se trouvera le point demandé. En raisonnant pour les deux autres points B, C, comme pour le premier, le point demandé se trouvera encore sur deux autres surfaces coniques à bases circulaires, dont les axes seront verticaux, dont les sommets seront au point B, C, et pour chacune desquelles l'angle formé par l'axe et par la génératrice sera égal à l'angle formé par la verticale et par le rayon visuel correspondant. Le point demandé sera donc en même temps sur trois surfaces coniques déterminées de forme et de position, et par conséquent dans leur intersection commune. Il ne s'agit donc plus que de construire, d'après les données de la question, les projections horizontales et verticales des intersections de ces trois surfaces considérées deux à deux ; les intersections de ces projections donneront les projections horizontale et verticale du point demandé, et par conséquent la position de ce point sur la carte, et sa hauteur au-dessus ou au-dessous des points observés, ce qui déterminera sa cote.

Cette solution doit en général produire huit points qui satisfont à la question ; mais il sera facile à l'observateur de distinguer parmi ces huit points celui qui coïncide avec le point de la station. D'abord il pourra toujours s'assurer si le point de la station est au-dessus ou au-dessous du plan qui passe par les trois points observés. Supposons que ce point soit au-dessus du plan des sommets des cônes ; il sera autorisé à négliger les branches des intersections des surfaces coniques qui existent au-dessous de ce plan ; par-là le nombre des points possibles sera réduit à quatre. Ce seroit la même chose si le point de la station étoit au contraire placé au-dessous du plan. Ensuite parmi ces quatre points, s'ils existent tous, il reconnoîtra facilement celui dont la position, par rapport aux trois sommets, est la même que celle du point de la station, par rapport aux points observés.

96. *Construction.* Soient A, B, C (*fig.* 41), les projections horizontales

zontales des trois points observés, prises sur la carte; a, b, c, les projections verticales des mêmes points, construits en portant sur les verticales B b, C c, à partir de l'horizontale L M, qui passe par le point a, la différence des cotes des deux autres points; et soient A', B', C', les angles observés que les rayons visuels, dirigés aux points respectifs A, B, C, forment avec la verticale.

On menera les verticales indéfinies $a a'$, $b b'$, $c c'$, qui seront les projections verticales des axes des trois cônes; par les trois points a, b, c, on menera les droites $a l$, $b m$, $c n$, qui formeront avec ces verticales des angles respectivement égaux aux angles donnés A', B', C'; et ces droites seront chacune la projection verticale d'un des deux côtés extrêmes de la surface conique correspondante.

Cela fait, on menera dans la projection verticale tant de droites horizontales $e e'$ qu'on voudra; on les regardera comme les projections d'autant de plans horizontaux; et pour chacune d'elles, on fera l'opération que nous allons décrire pour celle d'entre elles qui est indiquée par E E'.

Cette droite coupera les projections des axes des trois cônes en des points f, g, h, qui seront les projections verticales des centres des cercles, suivant lesquels le plan horizontal correspondant coupe les trois surfaces coniques; et elle coupera les côtés extrêmes des cônes $a l$, $b m$, $c n$, en des points f', g', h', tels que les distances $f f'$, $g g'$, $h h'$, seront les rayons de ces mêmes cercles. Des points A, B, C, pris successivement pour centres, et avec les rayons respectivement égaux à $f f'$, $g g'$, $h h'$, on décrira des cercles, dont les circonférences seront les projections horizontales des sections faites dans les trois surfaces coniques par le même plan E E'; ces circonférences se couperont deux à deux dans des points D, D', K, K', J, J', qui seront les projections d'autant de points des trois intersections des surfaces coniques considérées deux à deux; et en projetant ces points sur E E' en d, d', k, k', i, i', on aura les projections verticales des mêmes points des trois intersections.

En opérant ensuite de même pour les autres droites $e e'$, on trouvera pour chacune d'elles de nouveaux points D, D', K, K', J, J', dans la projection horizontale, et de nouveaux points d, d', k, k', i, i', dans la projection verticale; puis par tous les points D, D'...., on fera passer une courbe D P D', qui sera la projection horizontale de l'intersection de

N

la première surface conique avec la seconde; par tous les points K, K'...,
on en fera passer une autre KPK' qui sera la projection de l'intersection
de la seconde surface et de la troisième; et par tous les points J, J'..., ,
on en fera passer une dernière JPJ' qui sera la projection de l'intersection de la troisième surface et de la première. Tous les points P....,
dans lesquels ces courbes se couperont toutes trois, seront les projections horizontales d'autant de points qui satisfont à la question.

De même dans la projection verticale, par tous les points d, d'...., on
fera passer une première courbe; par tous les points k, k'.... une seconde;
et par tous les points i, i'.... une troisième. Ces courbes seront les projections verticales des intersections des trois surfaces considérées deux à
deux; et tous les points p..., dans lesquels ces courbes se couperont toutes
trois, seront les projections verticales de tous les points qui satisfont à
la question.

Les projections P, p d'un même point seront dans une même perpendiculaire à LM.

L'observateur, après avoir reconnu parmi tous les points P celui
qui appartient au point de la station, aura la projection horizontale
de cette station, et par conséquent sa position sur la carte; puis, au
moyen de la hauteur du point correspondant p au-dessus de la droite LM,
il aura l'élévation du point de la station au-dessus du point observé A,
et par conséquent il trouvera la cote qui convient à la station.

97. Dans cette solution nous avons construit les projections des trois
intersections des surfaces, tandis que deux auroient suffi. Nous conseil-
lons d'agir toujours de même, parce que les projections des deux courbes
à double courbure peuvent se couper en des points qui ne correspondent
pas à des points d'intersection, et que, pour reconnoître les projections
des points d'intersection, il faut suivre les branches des deux courbes
qui sont sur la même nappe d'une des surfaces; ce qui exige une attention
pénible, dont on est presque toujours dispensé en construisant les trois
courbes; les points où elles se coupent toutes trois, sont de véritables
points d'intersection.

98. *Cinquième question.* Les circonstances étant les mêmes que dans
la question précédente, avec cette seule différence que l'instrument n'est

pas garni de fil à plomb, de manière que les angles avec la verticale ne puissent pas être mesurés, on demande encore que l'ingénieur, sans quitter la station, détermine sur la carte la position du point où il est, et qu'il trouve la cote de ce point, c'est-à-dire son élévation au-dessus de la surface de niveau, à laquelle tous les points de la carte sont rapportés ?

Moyen de solution. Après avoir choisi trois points du terrain qui soient marqués d'une manière précise sur la carte, et tels que le point de station ne soit pas avec eux dans le même plan, l'ingénieur mesurera les trois angles que forment entre eux les rayons visuels dirigés à ces trois points ; et au moyen de cette seule observation, il sera en état de résoudre la question.

En effet, si nous nommons A, B, C, les trois points observés, et si on les suppose joints par les trois droites AB, BC, CA, l'ingénieur aura les projections horizontales de ces droites tracées sur la carte ; de plus, au moyen des cotes des trois points, il aura les différences de hauteur des extrémités de ces droites ; il pourra donc avoir la grandeur de chacune d'elles.

Cela posé, si dans un plan quelconque mené par AB on conçoit un triangle rectangle BAD (*fig.* 42), construit sur AB comme base, et dont l'angle en B soit le complément de l'angle sous lequel le côté AB a été observé, l'angle en D sera égal à l'angle observé, et la circonférence de cercle décrite par les trois points A, B, D, jouira de la propriété, que si d'un point quelconque E de l'arc ADB on mène deux droites aux points A et B, l'angle en E qu'elles comprendront entre elles sera égal à l'angle observé. Si donc on conçoit que le plan du cercle tourne autour de AB comme charnière, l'arc ADB engendrera une surface de révolution, dont tous les points jouiront de la même propriété ; c'est-à-dire, que si d'un point quelconque de la surface, on mène deux droites aux points A et B, ces droites formeront entre elles un angle égal à l'angle observé. Or, il est évident que les points de cette surface de révolution sont les seuls qui jouissent de cette propriété ; donc la surface passera par le point de la station. Si on raisonne de la même manière pour les deux autres droites BC, CA, on aura deux autres surfaces de révolution, sur chacune desquelles se trouvera le point de la station ; ce point

N 2

sera donc en même temps sur trois surfaces de révolution différentes, déterminées de forme et de position; il sera donc un point de leur intersection commune. Ainsi, en construisant les projections horizontales et verticales des intersections de ces trois surfaces considérées deux à deux, les points où les projections se couperont elles-mêmes toutes trois, seront les projections du point qui satisfait à la question. La projection horizontale donnera la position du point sur la carte, et la projection verticale donnera l'élévation de ce point au-dessus ou au-dessous des points observés.

99. Si cette question étoit traitée par l'analyse, elle conduiroit généralement à une équation du soixante-quatrième degré; car chacune des surfaces de révolution a quatre nappes distinctes, dont deux sont engendrées par l'arc de cercle A D B, et dont les deux autres sont engendrées par l'arc A F B. Chacune des nappes de la première pouvant être coupée par toutes celles de la seconde, il peut en résulter seize branches dans la courbe d'intersection; et les seize branches pouvant être coupées par les quatre nappes de la troisième surface, il peut en résulter soixante-quatre points d'intersection des trois surfaces : mais ces points ne satisferoient pas tous à la question. En effet, si d'un point quelconque F de l'arc A F B on mène des droites aux extrémités de A B, l'angle A F B qu'elles comprendront ne sera pas égal à l'angle observé; il en sera le supplément. Les nappes engendrées par l'arc A F B, et les nappes analogues dans les autres surfaces de révolution, ne peuvent donc servir à résoudre la question; et tous les points d'intersection qui appartiennent à quelques-unes de ces nappes, sont des points étrangers au problême.

Dans la géométrie descriptive, on peut et l'on doit exclure l'arc A F B et ses analogues dans les deux autres surfaces; chacune de ces surfaces n'a plus alors que deux nappes; et le nombre de leurs points d'intersection possibles se réduit à huit. De ces huit points, quatre sont d'un côté du plan qui passe par les trois axes de révolution, et quatre sont de l'autre. L'observateur connoissant toujours de quel côté il est placé par rapport à ce plan, il ne construira pas les intersections qui sont placées de l'autre côté, et le nombre des points qu'il pourra trouver est réduit à quatre. Enfin parmi ces quatre points, s'ils existent tous, il reconnoîtra facilement celui qui sera placé par rapport aux points A, B, C, de la même manière que celui de la station l'est par rapport aux trois points du terrain, qu'il a observés.

100. *Construction.* On choisira la position des deux plans de projections, de manière que celui que nous regardons comme horizontal, passe par les trois points observés, et que l'autre soit perpendiculaire à la droite menée par deux de ces trois points. Soit donc A B C (*fig.* 42), le triangle formé par les points observés, considéré dans son plan ; et A', B', C', les trois angles donnés par l'observation. On menera perpendiculairement au côté A B la droite L M qui indiquera la position du plan vertical de projection ; et l'on construira, comme nous venons de l'indiquer (n° 98), les arcs de cercle générateurs A E D B, B G C, C F A des trois surfaces de révolution, dont les côtés A B, B C, A C sont les axes. Cela fait, du point A comme centre, on décrira tant d'arcs de cercle E O F que l'on voudra, et qui couperont les génératrices, dont les axes se rencontrent en A, dans des points E, F, desquels on abaissera sur les axes respectifs les perpendiculaires indéfinies E E', F F' ; ces perpendiculaires se couperont quelque part en un point H qui sera la projection horizontale d'un point d'intersection des deux surfaces dont les axes sont A B et A C, et la courbe A H P menée par tous les points H... trouvés de cette manière, sera la projection horizontale de cette intersection. Puis, après avoir projeté l'axe A B en *a*, on décrira du point *a* comme centre, et avec des rayons successivement égaux aux perpendiculaires E E', des arcs de cercle *d d' i*, sur chacun desquels projetant le point H correspondant en *h*, on aura la projection verticale d'un point de l'intersection des deux mêmes surfaces de révolution ; et la courbe *a h p* menée par tous les points *h*.... construits de cette manière, sera la projection verticale de cette intersection.

On opérera de même pour les deux surfaces de révolution autour des axes A B, B C ; c'est-à-dire, du point B de rencontre des deux axes, comme centre, on décrira tant d'arcs de cercle D K G que l'on voudra ; ces arcs couperont les deux génératrices en des points D, G, desquels on abaissera sur les axes respectifs les perpendiculaires indéfinies D D', G G' ; ces perpendiculaires se couperont en un point J ; et la courbe B J P menée par tous les points J sera la projection horizontale de l'intersection de la première et de la troisième surface de révolution. Du point a comme centre, et avec des rayons successivement égaux aux perpendiculaires D D', on décrira des arcs de cercle $d\,d'\,i$, sur lesquels on projetera en i les points J correspondans ; et la courbe $a\,i\,p$ menée par tous les points i sera la projection verticale de la même intersection.

Cela fait, tous les points P... dans lesquels les deux courbes AHP, BJP se couperont, seront les projections horizontales d'autant de points qui satisfont à la question ; et tous les points p.... dans lesquels se couperont les courbes $a\,h\,p$, $a\,i\,p$, seront les projections verticales des mêmes points.

Les projections ainsi trouvées ne donneront pas immédiatement la position du point de station sur la carte, ni sa hauteur, parce que le plan horizontal de projection n'est pas celui de la carte ; mais il sera facile de les rapporter sur les véritables plans de projections.

101. *Sixième question.* Le général d'une des armées de la république, en face de l'ennemi, n'a pas la carte du pays occupé par celui-ci, et il en a besoin pour faire le plan d'une attaque qu'il médite. Il a un aérostat. Il charge un ingénieur de s'élever avec l'aérostat, et de prendre toutes les mesures nécessaires pour faire la carte, et pour en donner un nivellement approché : mais il a lieu de croire que si l'aérostat changeoit de station sur le terrain, l'ennemi s'appercevroit de son dessein ; en conséquence il permet à l'ingénieur de s'élever à différentes hauteurs dans l'atmosphère, si cela est nécessaire ; mais il lui défend de changer de station à terre. L'ingénieur est muni d'un instrument propre à mesurer les angles, et cet instrument est garni d'un fil à plomb : on demande comment l'ingénieur pourra exécuter les ordres du général ?

Moyen de solution. L'ingénieur fera deux stations dans la même verticale, et il connoîtra leur distance en faisant mesurer la corde que l'on aura filée pour l'élever de l'une à l'autre. Dans l'une des stations, par exemple, dans celle qui est inférieure, il mesurera les angles que fait la verticale avec les rayons visuels dirigés aux points dont il veut déterminer la position sur la carte ; puis, parmi tous ces points, il en choisira un qu'il regardera comme premier, et que

nous nommerons A, et il mesurera de plus successivement les angles
formés par le rayon visuel dirigé au point A, et ceux qui sont dirigés à tous les autres. Dans l'autre station, il mesurera les angles formés par la verticale, et les rayons visuels dirigés à tous les points du
terrain. D'après ces observations, il sera en état de construire la carte
demandée.

En effet, puisque l'on connoît les angles formés par la verticale,
et les deux rayons visuels dirigés des deux stations au même point,
ce point se trouve en même temps sur deux surfaces coniques déterminées et connues, car ces surfaces sont à bases circulaires ; elles ont
leurs axes dans la même verticale ; la distance de leurs sommets est
égale à la différence des hauteurs des deux stations, et les angles
que leurs génératrices forment avec l'axe commun, sont égaux aux
angles observés. De plus, puisque l'on connoît l'angle formé par le
rayon visuel dirigé de la première station à ce point, et par celui qui
est dirigé au point A ; le point que l'on considère sera donc encore
sur une troisième surface conique à base circulaire, dont l'axe incliné
sera le rayon visuel dirigé de la première station au point A, dont le
sommet sera à la première station, et dont l'angle formé par l'axe
et la génératrice sera égal à l'angle observé. Le point que l'on considère se trouvera donc en même temps sur des surfaces coniques à
bases circulaires connues de forme et de position ; il sera donc au
point de leur intersection commune ; et en construisant les projections
horizontale et verticale de cette intersection, on aura la position du
point sur la carte, et son élévation au-dessus ou au-dessous des
autres.

102. Sans changer de considérations, la construction peut devenir
plus simple, au moyen de quelques-unes des méthodes que nous
avons déjà exposées précédemment : car, connoissant les angles
formés à la première station par le rayon visuel dirigé au point A,
et par les rayons visuels dirigés à tous les autres points, et connoissant, pour chacun de ces angles, les angles que ses côtés forment
avec la verticale, il sera facile de les réduire à l'horizon, c'est-à-dire,
de construire leurs projections horizontales. Si donc on prend sur la
carte un point arbitraire pour représenter la projection de la verticale

de l'aérostat ; et si par ce point on mène une droite arbitraire, qui doive représenter la projection du rayon visuel dirigé au point A ; enfin, si par le même point on mène des droites qui fassent, avec la projection du rayon dirigé au point A, des angles égaux aux angles réduits à l'horizon, il est évident que chacune de ces droites devra contenir la projection horizontale du point du terrain qui lui correspond. Il ne s'agira donc plus que de trouver la distance de ce point du terrain à la verticale. Or si, dans la projection verticale, et sur la projection de la verticale de l'aérostat, on prend deux points qui, en parties de l'échelle, soient distans l'un de l'autre d'une quantité égale à la distance mesurée des deux stations, et si par ces points on mène des droites qui fassent avec la verticale des angles égaux à ceux qui ont été observés pour un même point du terrain, ces droites se couperont en un point dont la distance à la verticale sera la distance demandée. Portant donc cette distance sur le rayon correspondant, à partir de la projection de l'aérostat, on aura sur la carte la position du point du terrain. Les deux mêmes droites, dans la projection verticale, déterminent, par leur intersection, la hauteur du point du terrain ; prenant donc sur la projection verticale les hauteurs de tous les points du terrain au-dessus d'un même plan horizontal, on déterminera les cotes qui conviendront à tous les points de la carte, et on aura le nivellement du terrain.

Cette construction est assez simple pour ne pas avoir besoin de figure.

La droite menée de la projection de la verticale de l'aérostat à celle du premier point A observé, ayant été tracée d'abord arbitrairement sur la carte, il s'ensuit que la carte n'est point orientée ; et, en effet, dans les observations que nous avons indiquées, il n'y a rien qui puisse déterminer la position des objets par rapport aux quatre points cardinaux de l'horizon. Mais si l'ingénieur observe à terre l'angle que fait avec la méridienne un rayon visuel horizontal dirigé du pied de la verticale à un des points placés sur la carte, et s'il rapporte cet angle sur sa projection, il aura la direction de la méridienne, et la carte sera orientée.

V.

V.

103. Ce que nous avons vu, jusqu'à présent, de la géométrie descriptive, considérée d'une manière abstraite, contient les principales méthodes dont on peut avoir besoin dans les arts.

Si donc on avoit établi dans toutes les communes un peu considérables des écoles secondaires, dans lesquelles les jeunes gens de l'âge de douze ans, et qui se destinent à la pratique de quelques - uns des arts, auroient été exercés pendant deux années aux constructions graphiques, et familiarisés avec les principaux phénomènes de la nature, dont la connoissance leur est indispensable ; ce qui, en développant leur intelligence, et en leur donnant l'habitude et le sentiment de la précision, auroit contribué, de la manière la plus certaine, aux progrès de l'industrie nationale, et ce qui, en les accoutumant à l'évidence, les auroit garantis pour toujours de la séduction des imposteurs de tous les genres ; et si nous ne nous proposions que de faire le livre élémentaire qui auroit dû servir de base à l'instruction de ces écoles secondaires, il faudroit terminer là les généralités, et passer immédiatement aux applications les plus utiles, et à celles dont l'usage est le plus fréquent. Mais nous ne devons pas écrire seulement pour les élèves des écoles secondaires, nous devons écrire pour leurs professeurs.

On ne doit faire entrer dans le plan d'une instruction populaire que des objets simples et d'une utilité journalière : mais, si un artiste rencontre une seule fois dans sa vie une difficulté dont il n'ait point été question dans les écoles, à qui s'adressera-t-il pour la lever, si ce n'est au professeur ? et comment le professeur la levera-t-il, s'il ne s'est exercé à des considérations d'une généralité plus grande que celles qui forment l'objet ordinaire des études ?

Pour donner aux professeurs la connoissance de quelques propriétés générales de l'étendue, et dont on peut avoir occasion de faire usage dans les arts, nous allons consacrer quelques leçons à l'examen de la courbure des courbes à double courbure, et de celles des surfaces courbes.

O

De la courbure et des développées des courbes à double courbure.

104. On sait que, si une droite, considérée dans un plan, tourne autour d'un de ses points supposé fixe, tous les autres points de la droite décriront autour du point fixe des circonférences de cercles concentriques. Il n'y a aucune courbe qu'on ne puisse concevoir engendrée d'une manière analogue.

(*Fig.* 44.) Soit M N O une courbe quelconque tracée sur un plan : si l'on conçoit qu'une droite A B se meuve de manière qu'elle soit perpétuellement tangente à la courbe, et sans prendre de mouvement dans le sens de sa longueur, chaque point P de cette droite décrira une courbe G P P′ P″ H qui aura évidemment les propriétés suivantes.

Chaque élément P Q de la courbe décrite sera perpendiculaire à la direction correspondante de la droite A B ; car cet élément a la même direction qu'auroit en P l'élément d'un arc de cercle décrit du point M de contact, comme centre, et avec un rayon égal à P M. Ainsi la tangente en P de la courbe décrite sera perpendiculaire à la droite menée par le point P, tangente à la courbe donnée M N O.

Si le point décrivant P est placé du côté vers lequel la droite A B s'approche de la courbe touchée, la courbe G P se dirigera vers M N O jusqu'à ce qu'elle la rencontre ; ce qui arrivera lorsque le point décrivant sera devenu lui-même le point de contact de la droite AB, supposée transportée en C D : mais cette courbe ne se prolongera pas au-delà ; et si la droite continue son mouvement, le point P, et par conséquent la courbe qu'il décrit, se réfléchira en P′. La courbe décrite étant toujours perpendiculaire à la droite mobile, les deux branches G P P′ et P′ P″ H seront toutes deux perpendiculaires à la droite C D, et par conséquent à la courbe M N O que cette droite touche en P′. Ces deux branches se toucheront donc elles-mêmes en P′.

Le point P′ dans lequel une courbe se réfléchit ainsi, de manière que ses deux branches se touchent à ce point, se nomme point de rebroussement.

La courbe M N O, sur laquelle s'appuie la droite en la touchant perpétuellement, s'appelle la développée de la courbe G P P′ P″ H, parce qu'un de ses arcs quelconques M N P′ est égal à la partie correspondante M P de la droite mobile ; et la courbe G P P' P" H s'appelle la développante de la courbe M N O. Comme on peut avoir autant de courbes décrites de la même manière que l'on peut concevoir de points P, *p*, sur la droite A B, regardée comme indéfinie, il est évident qu'une même développée peut avoir une infinité de développantes différentes, telles que G P P' P" H, *g p p' p" h ;* et toutes ces développantes ont la propriété d'avoir les mêmes normales. Nous verrons incessamment que réciproquement il n'y a pas de courbe qui n'ait une infinité de développées différentes.

105. On fait usage dans les arts de quelques développantes, et principalement de celle du cercle, qui est une spirale dont le nombre des révolutions est infini, et dont toutes les branches successives sont éloignées les unes des autres d'une quantité constante, égale à la circonférence du cercle développé. C'est suivant la courbure de cette développante que l'on coupe les cames ou dents des arbres tournans qui soulèvent des pilons, comme dans les bocards, parce que le contact de la came avec le mentonnet du pilon étant toujours dans la même verticale, l'effort de l'arbre pour soulever le pilon est constamment le même. Vaucanson employoit souvent la spirale développante du cercle comme moyen d'engrenage pour transmettre le mouvement d'un arbre tournant à un autre arbre qui lui étoit parallèle, sur-tout lorsqu'il falloit que l'engrenage fût exact et transmît subitement, sans temps perdu, le mouvement d'un arbre à l'autre.

106. Nous avons fait voir (104) comment la développante peut être formée d'après la développée ; il est facile de concevoir comment, à son tour, la développée peut être formée d'après la développante. En effet, nous avons vu que toutes les normales de la développante sont tangentes à la développée. Si donc, par tous les points P, Q, d'une courbe proposée G P Q P, on conçoit des normales, la courbe M N O qui touchera toutes ces normales sera la développée. De plus, si par deux points P, Q, consécutifs et infiniment proches, on conçoit deux normales P B, Q *b*, le point M où elles se couperont, pour se croiser au-delà, sera sur la développée ; et ce point pourra être regardé comme le centre d'un petit arc de cercle qui, étant décrit avec le rayon PM,

O 2

auroit la même courbure que l'arc PQ de la courbe que l'on considère.
Le rayon P M du cercle, dont la courbure est la même que celle de
l'arc infiniment petit PQ d'une courbe, se nomme le rayon de courbure de cet arc ; le point M où se coupent les deux normales consécutives en est le centre de courbure ; et cette courbure est connue lorsque
la position du point M est déterminée.

107. Jusqu'ici nous avons supposé que les courbes étoient planes, et
nous n'avons considéré que ce qui se passe dans leur plan. Nous allons
passer aux courbes à double courbure, telles que celles qui sont pro-
duites par l'intersection de deux surfaces courbes.

Si l'on conçoit une droite menée par le centre d'un cercle perpendiculairement à son plan, et indéfiniment prolongée de part et d'autre,
on sait que chacun des points de cette droite sera à égales distances de
tous les points de la circonférence ; que par conséquent, si l'on imagine
qu'une seconde droite, terminée d'une part à un des points de la circonférence, et de l'autre à un point quelconque de la perpendiculaire,
tourne autour de cette dernière comme axe, en faisant constamment
le même angle avec elle, son extrémité mobile décrira la circonférence
de cercle avec la même exactitude que si l'on eût fait tourner le
rayon autour du centre. La description du cercle au moyen du rayon,
et qui n'est qu'un cas particulier de la première, par sa simplicité est
plus propre à donner l'idée de l'étendue du cercle : mais, s'il ne s'agit
que de description, la première peut dans certains cas avoir de l'avantage, parce qu'en prenant sur l'axe deux poles placés de part et
d'autre du plan du cercle, puis menant par ces deux points deux
droites qui se couperoient en un point de la circonférence, et faisant
ensuite mouvoir le système de ces deux droites autour de l'axe, de
manière que leur point d'intersection fût fixe sur l'une et sur l'autre,
ce point décriroit la circonférence du cercle, sans qu'il eût été nécessaire d'exécuter auparavant le plan dans lequel elle doit se trouver.

108. (*Figure* 45.) Soit K A *a* D une courbe à double courbure quelconque tracée dans l'espace. Par un point A de cette droite soit conçu
un plan M N O P perpendiculaire à la tangente en A ; par le point *a* infiniment proche, soit pareillement imaginé un plan *m n* O P perpendiculaire

à la tangente en a ; ces deux plans se couperont en une droite O P qui sera l'axe du cercle, dont le petit arc A a de la courbe peut être censé faire partie : de manière que si, des points A, a, on abaisse deux perpendiculaires sur cette droite, ces perpendiculaires, égales entre elles, la rencontreront en un même point G qui sera le centre de ce cercle. Tous les autres points g, g', g''.... de cette droite seront chacun à égales distances de tous les points de l'arc infiniment petit A a, et pourront par conséquent en être regardés comme les poles. Ainsi, si d'un point quelconque g de cet axe on mène deux droites aux points A, a, ces droites gA, g a, seront égales entre elles, et formeront avec l'axe des angles A gO, a gO, égaux entre eux : en sorte que si l'on vouloit définir la courbure de la courbe au point A, il faudroit donner la longueur du rayon de courbure A G, et que s'il s'agissoit d'assigner le sens de la courbure, il faudroit donner la position du centre G dans l'espace. Mais s'il est simplement question de décrire le petit arc, il suffira également ou de faire tourner la droite A g autour de l'axe, sans altérer l'angle A g O qu'elle fait avec lui, ou de faire tourner le rayon de courbure A G perpendiculairement à cet axe.

Ainsi la droite O P peut être regardée comme la ligne des poles de l'élément A a ; le centre de courbure de cet élément est celui de ses poles dont la distance à l'élément est un *minimum* ; enfin son rayon de courbure est la perpendiculaire A G, abaissée de l'élément sur la ligne des poles.

109. (*Figure* 46.) Que l'on fasse actuellement sur tous les points de la courbe à double courbure la même opération que l'on vient de faire sur un de ses élémens, c'est-à-dire que par tous les points consécutifs A, A', A'', A''', etc. l'on fasse passer des plans M N O P, perpendiculaires chacun à la tangente de la courbe au point où il la coupe ; le premier de ces plans rencontrera le second dans une droite O P qui sera le lieu géométrique des poles de l'arc A A' ; le second rencontrera le troisième dans une droite O' P', lieu des poles de l'arc A' A'', et ainsi de suite. Il est évident que le système de toutes les droites d'intersections, ou la surface courbe qu'elles forment par leur assemblage, sera le lieu géométrique des poles de la courbe K A D ; car cette courbe n'aura point de pole qui ne soit sur la surface, et cette surface n'aura pas de point qui ne soit le pole de quelqu'un des élémens de la courbe.

110. Avant que d'aller plus loin, il est nécessaire d'exposer quelques propriétés dont jouissent les surfaces de ce genre, indépendamment de la courbe qui a servi à leur formation.

Ces surfaces peuvent se développer sur un plan sans rupture et sans duplicature. En effet, les élémens tels que O P, P′ O′, dont est composé la surface, sont des portions de plans infiniment étroites, et qui se joignent successivement par des lignes droites. On peut donc toujours concevoir que le premier de ces élémens O P P′ O′ tourne autour de O′ P′ comme charnière, jusqu'à ce qu'il soit dans le plan de l'élément suivant O′ P′ P″ O″; qu'ensuite leur assemblage tourne autour de O″ P″, jusqu'à ce qu'il soit dans le plan du troisième, et ainsi de suite. D'où l'on voit que rien n'empêche que de cette manière tous les élémens de la surface ne viennent sans rupture se ranger dans un même plan.

De même que les plans normaux à la courbe K A D par leurs inter-sections successives forment une surface courbe, à laquelle ils sont tous tangens; pareillement les lignes droites dans lesquelles ils se coupent se rencontrent successivement dans des points qui forment une courbe à double courbure, à laquelle toutes ces droites sont tangentes : car deux de ces droites consécutives sont les intersections d'un même plan normal, avec celui qui le précède, et avec celui qui le suit immédiatement. Ces deux droites sont donc dans un même plan; elles se coupent donc quelque part en un point, et la suite de tous ces points de rencontre forme une courbe remarquable sur la surface développable. En effet, les droites consécutives, après s'être croisées sur la courbe qui les touche toutes, se prolongent au-delà, et forment par leurs prolongemens une nappe de surface distincte de la nappe formée par les parties des mêmes droites avant leurs rencontres. Ces deux nappes se joignent sur la courbe qui est, par rapport à la surface entière, une véritable arête de rebrous-sement.

(*Fig.* 46.) Actuellement du point A de la courbe, par lequel passe le premier plan normal M N O P, soit menée dans le plan, et suivant une direction arbitraire, une droite A g jusqu'à ce qu'elle rencontre la section O P quelque part en un point g; par les points A′, g soit me-née dans le second plan normal, la droite A′ g prolongée jusqu'à ce qu'elle rencontre la section O′ P′ en un point g′; soit pareillement menée A″ g′ g″, et ainsi de suite. La courbe qui passe par tous les points

g, g', g'', etc., est une développée de la courbe KAD : car toutes les droites A g, A' g', A'' g'', sont les tangentes de la courbe g g' g'', puisqu'elles sont les prolongemens des élémens de cette courbe. De plus, si l'on conçoit que la première A g tourne autour de O P, comme axe, pour venir s'appliquer sur la suivante A' g, elle n'aura pas cessé d'être tangente à la courbe g g' g''; et son extrémité A, après avoir parcouru l'arc A A', se confondra avec l'extrémité A' de la seconde. Que l'on fasse de même tourner la seconde ligne A' g' autour de O' P', comme axe, pour qu'elle vienne s'appliquer sur la troisième A'' g', elle ne cessera pas de toucher la courbe g g' g'', et son extrémité A' ne sortira pas de l'arc A' A'', et ainsi de suite. Donc la courbe g g' g'' est telle, que si on conçoit qu'une de ses tangentes tourne autour de cette courbe sans cesser de lui être tangente, et sans avoir de mouvement dans le sens de sa longueur, un des points de cette tangente décrira la courbe K A D ; donc elle est une de ses développées. Mais la direction de la première droite A g étoit arbitraire ; et suivant quelque autre direction qu'on l'eût menée dans le plan normal, on auroit trouvé une autre courbe g g' g'' qui auroit été pareillement une développée de la courbe KAD. Une courbe quelconque a donc une infinité de développées qui sont toutes comprises sur une même surface courbe.

Les droites A' g' et A'' g' forment des angles égaux avec la droite O' P' ; et l'élément g' g'' étant le prolongement de la droite A'' g', il s'ensuit que les deux élémens consécutifs g g', g' g'' de la développée g g' g'', forment des angles égaux avec la droite O' P' qui passe par leur point de rencontre. Or, lorsqu'on développe la surface pour l'appliquer sur un plan, les élémens de la développée ne cessent pas de faire les mêmes angles avec les droites O' P' ; donc deux élémens consécutifs de la courbe g' g'', considérés dans la surface étendue sur un plan, forment des angles égaux avec une même ligne droite ; donc ils sont dans le prolongement l'un de l'autre. Il suit de là que chacune des développées d'une courbe à double courbure devient une ligne droite, lorsque la surface qui les contient toutes est étendue sur un plan ; donc elle est sur cette surface la plus courte que l'on puisse mener entre ses extrémités.

On déduit de là un moyen facile d'obtenir une développée quel-

conque d'une courbe à double courbure ; lorsque l'on a la surface développable qui les contient toutes. Pour cela, il suffit, par un point de
la courbe, de mener un fil tangent à la surface, et de plier ensuite
ce fil sur la surface en le tendant : car, en vertu de la tension, il
prendra la direction de la courbe la plus courte entre ses extrémités ;
il se pliera par conséquent sur une des développées.

111. On conçoit d'après cela comment il est possible d'engendrer,
par un mouvement continu, une courbe quelconque à double courbure : car, après avoir exécuté la surface développable, touchée par
tous les plans normaux de la courbe ; si du point donné dans l'espace,
et par lequel la courbe doit passer, on dirige deux fils tangens à cette
surface ; et si, après les avoir pliés ensuite sur la surface en les tendant, on les fixe par leurs autres extrémités ; le point de réunion des
deux fils qui aura la faculté de se mouvoir avec le plan tangent à la
surface, sans glisser ni sur l'un des fils, ni sur l'autre, engendrera, dans
son mouvement, la courbe proposée,

112. Tout ce que nous venons de dire par rapport aux courbes à
double courbure, convient également aux courbes planes ; avec cette
différence seulement, que tous les plans normaux étant perpendiculaires au plan de la courbe, toutes les droites de leurs intersections
consécutives sont aussi perpendiculaires au même plan, et par conséquent parallèles entre elles. La surface développable, touchée par
tous ces plans normaux, est donc alors une surface cylindrique, dont
la section perpendiculaire est la développée ordinaire de la courbe.
Mais cette surface cylindrique contient de même toutes les développées
à double courbure de la même courbe ; et chacune de ces développées
fait, avec toutes les droites génératrices de la surface cylindrique, des
angles constans. Le filet d'une vis ordinaire est une des développées
de la développante du cercle qui sert de base à la surface cylindrique
sur laquelle il se trouve ; et quelle que soit la hauteur du pas de la
vis, si le diamètre du cylindre ne change pas, le filet sera toujours
une des développées de la même courbe.

113. Après avoir exposé la théorie des courbes à double courbure,
nous

nous allons nous occuper des surfaces courbes. Cet objet est de nature
à être traité avec beaucoup plus de facilité par le secours de l'analyse, que par la simple contemplation des propriétés de l'étendue :
mais les résultats auxquels il conduit peuvent être utiles à des artistes
que nous ne devons pas supposer familiarisés avec les opérations analytiques ; nous allons donc essayer de les présenter en n'employant
que des considérations géométriques. Cette méthode introduira la clarté
qui lui est particulière ; mais aussi elle apportera de la lenteur dans la
marche.

Les surfaces, par rapport à leurs courbures, peuvent être divisées
en trois grandes classes. La première comprend celles qui dans tous
leurs points n'ont aucune courbure ; les surfaces de ce genre se réduisent au plan, qui d'ailleurs peut être placé d'une manière quelconque dans l'espace. La seconde classe renferme toutes celles qui
dans chacun de leurs points n'ont qu'une seule courbure ; ce sont en
général les surfaces développables, dont par-tout deux élémens consécutifs peuvent être regardés comme faisant partie d'une surface conique,
même en regardant la grandeur de ces élémens comme indéfinie dans
le sens de la génératrice de la surface conique. Enfin toutes les autres
surfaces courbes composent la troisième classe ; dans chacun de leurs
points elles ont deux courbures distinctes et qui peuvent varier l'une
indépendamment de l'autre. Commençons par considérer les surfaces
courbes les plus simples, et d'abord les surfaces cylindriques.

114. Soit A B F E (*fig.* 46), une surface cylindrique indéfinie à base
quelconque, sur laquelle on considère un point L pris arbitrairement.
Par ce point concevons la droite génératrice C L G, et une section
J L K faite par un plan perpendiculaire à la génératrice ; cette section sera parallèle et semblable à la base de la surface. Enfin par
le point L concevons à la surface la normale L P ; cette normale sera
perpendiculaire à la génératrice C G, et par conséquent dans le plan
de la section J L K ; de plus elle sera perpendiculaire à la tangente
de la section au point L ; ou, ce qui comprend à la fois les deux
conditions, elle sera perpendiculaire au plan tangent à la surface
en L. Cela posé, si l'on prend sur la surface deux autres points infiniment voisins du point L, l'un M sur la génératrice C G, l'autre N

P

sur la section perpendiculaire, et si par chacun de ces points on mène une nouvelle normale à la surface, ces deux normales M Q, N P seront chacune dans un même plan, avec la première normale L P ; mais ces plans seront différens pour les deux dernières normales. En effet, le plan tangent à la surface en L étant aussi tangent en M, les deux droites L P et M Q sont perpendiculaires au même plan ; elles sont donc parallèles entre elles, et par conséquent dans un même plan. Ces droites parallèles peuvent être regardées comme concourant à l'infini. Quant aux normales L P, N P, elles sont évidemment comprises dans le plan de la section perpendiculaire ; elles concourent donc en un certain point P de ce plan : ainsi les deux plans qui contiennent les trois normales deux à deux sont non seulement différens, mais perpendiculaires l'un à l'autre.

115. Actuellement quelque autre point O que l'on prenne sur la surface, infiniment voisin du premier point L, si par ce point on conçoit à la surface une normale O Q, cette normale ne sera pas dans un même plan avec la première normale L P, et par conséquent ne pourra la rencontrer : car si par le point O l'on conçoit une nouvelle section *i* O *k* perpendiculaire à la surface, et qui coupe quelque part en un point M la droite génératrice qui passe par le point L, la normale O Q sera dans le plan de cette section. Les deux normales L P et O Q seront donc dans deux plans parallèles, et ne pourront être elles-mêmes dans un même plan, à moins qu'elles ne soient parallèles entre elles : or elles ne sont point parallèles. En effet, si l'on conçoit la normale au point M, nous avons vu que cette normale M Q sera parallèle à L P ; mais elle ne sera pas parallèle à O Q : donc les normales L P et O Q ne sont point parallèles entre elles ; donc elles ne sont pas dans un même plan ; donc elles ne peuvent jamais se rencontrer.

116. On voit donc que, si, après avoir mené, par un point quelconque d'une surface cylindrique, une normale à la surface, on veut passer à un point infiniment voisin pour lequel la nouvelle normale soit dans un même plan avec la précédente, et puisse la rencontrer même à l'infini, si cela est nécessaire, on ne peut le faire que dans deux sens

différens : 1°. en suivant la direction de la droite génératrice de la surface, et alors la nouvelle normale rencontre la première à l'infini ; 2°. en suivant la section perpendiculaire à la surface, et alors la nouvelle normale rencontre la première en un point, dont la distance dépend de la courbure de la base dans le point correspondant ; enfin, que ces deux directions sont entre elles à angles droits sur la surface.

Les deux points de rencontre des trois normales sont donc les seuls *centres de courbure* possibles de l'élément que l'on considère sur la surface ; les deux plans différens qui passent par la première normale et par chacune des deux autres, indiquent le sens de chacune de ces courbures ; les distances du point de la surface aux deux points de rencontre des normales sont *les rayons des deux courbures ;* et l'on voit que, dans les surfaces cylindriques, un de ces rayons étant toujours infini, tandis que la grandeur de l'autre dépend de la nature de la base de la surface, pour chacun des points il n'y a qu'une courbure finie ; l'autre est toujours infiniment petite ou nulle.

Ce que nous venons de dire peut s'appliquer facilement à toutes les surfaces développables, dont deux élémens consécutifs même indéfinis dans le sens de la direction de la droite génératrice peuvent toujours être considérés comme faisant partie d'une certaine surface cylindrique. Passons maintenant au cas général des surfaces courbes quelconques.

117. Soit A B C D (*fig.* 47), une surface courbe quelconque, sur laquelle on considère un point L pris à volonté, et par ce point L soit conçue une droite F L *f* tangente à la surface : la position de cette droite ne sera pas déterminée ; elle pourra être menée d'une manière quelconque dans le plan tangent à la surface au point L. Puis concevons que la droite F *f* se meuve de manière qu'elle soit toujours parallèle à elle-même, et qu'elle soit toujours tangente à la surface courbe ; elle engendrera par son mouvement une certaine surface cylindrique E *e g* G, dont la base dépendra de la forme de la surface courbe, et qui touchera cette surface courbe dans une courbe L C K A L, engendrée elle-même par le mouvement du point de contact de la droite génératrice avec la surface courbe. Cette courbe de contact L C K A L est en général à double courbure.

118. Dans le cas très-particulier de la surface courbe du second

degré , c'est-à-dire , de la surface qui , étant coupée par un plan quelconque , produit toujours une section conique, la ligne de contact avec une surface cylindrique qui l'enveloppe , est toujours une courbe plane, quelle que soit d'ailleurs la direction de la génératrice de la surface cylindrique.

119. Dans le cas un peu plus général où la surface courbe est engendrée par le mouvement d'une ligne courbe plane , fixe dans son plan, mais mobile avec lui, lorsqu'il roule sur deux surfaces courbes données, pour chaque point de la surface il existe une direction à donner à la droite génératrice , pour que la surface cylindrique engendrée par le mouvement de cette droite touche la surface courbe dans une courbe plane ; et cette direction doit être telle que la droite soit toujours perpendiculaire au plan mobile , lorsqu'il passe par le point que l'on considère. Les surfaces de révolution en sont un cas particulier. En effet , si par un point quelconque d'une surface de révolution on conçoit une droite tangente à la surface , et perpendiculaire au plan du méridien qui passe par ce point, et si l'on suppose que cette droite se meuve de manière qu'elle soit toujours tangente à la surface, et perpendiculaire au plan du même méridien , le point de contact de la ligne avec la surface parcourra la circonférence du méridien , et la droite engendrera une surface cylindrique qui touchera la surface de révolution dans la circonférence même du méridien , et par conséquent dans une courbe plane.

120. Pour tout autre cas , une surface cylindrique circonscrite à une surface quelconque touche cette surface dans une courbe L C K A L qui est à double courbure.

La droite F L f ayant d'abord été menée d'une manière arbitraire dans le plan tangent à la surface au point L, si par le point L on conçoit la tangente L U à la courbe de contact L C K A L, cette tangente fera, avec la ligne droite génératrice F L f, un angle F L U qui dépendra et de la nature de la surface courbe , et de la direction arbitraire donnée à la droite F L f. Concevons, ce qui est toujours possible dans chaque cas particulier , que la direction de la droite F L f change ; sans que cette droite cesse d'être tangente à la surface au point L, et que, d'après cette nouvelle direction, elle se meuve parallèlement à elle-même en touchant toujours la surface ; elle engendrera par son mouvement une autre surface cylindrique circonscrite à la surface, qui la touchera dans une autre ligne de contact à double courbure ; cette nouvelle courbe de contact passera encore par le point L, et sa tangente en ce point fera, avec la nouvelle direction de la droite génératrice, un angle différent du premier angle F.L U. Concevons enfin qu'on ait ainsi fait varier la direction de la droite génératrice, jusqu'à ce que la surface cylindrique, engendrée par cette droite, touche la surface dans une courbe de contact, dont la tangente en L soit perpendiculaire à la droite génératrice.

Cela posé, soit (*figure* 48) une surface courbe quelconque, sur laquelle on considère d'abord un certain point L ; soit F L J la droite tangente à la surface en L, dont la direction soit prise de manière que, si on la fait mouvoir parallèlement à elle-même, et sans qu'elle cesse de toucher la surface, elle engendre une surface cylindrique E F G H J K, qui touche la surface en une courbe, dont la tangente en L soit perpendiculaire à F L J. La ligne de contact de la surface cylindrique avec la surface proposée sera une courbe à double courbure ; mais au point L son élément se confondra avec l'élément L N de la section C N L D faite dans la surface cylindrique par un plan perpendiculaire à la droite génératrice F L J. Les deux extrémités L, N de cet élément, se trouvant sur la ligne de contact, seront en même temps sur les deux surfaces ; et si par ces points L, N, on mène deux normales L P, N P à la surface cylindrique, elles seront aussi normales à la courbe. Or ces deux normales sont dans le même plan perpendiculaire à la génératrice de la surface cylindrique, et doivent se rencontrer quelque part en un point P, qui est le centre de courbure de l'arc L N ; donc si sur une surface courbe quelconque on prend deux points L, N, qui soient placés sur la ligne de contact de cette surface avec la surface cylindrique dont la droite génératrice soit perpendiculaire à l'élément L N de cette ligne de contact, les normales à la surface courbe, menées par ces deux points, seront dans un même plan, et se rencontreront en un point qui sera le centre de la courbure de la surface, dans le sens du plan qui contient les deux normales.

121. Si sur la droite F L J on prend un point *m* infiniment proche du point L, et si par ce point *m* on conçoit une normale à la surface cylindrique, cette normale sera parallèle à L P, et ne sera pas normale à la surface courbe. Mais si l'on conçoit que dans le plan de la courbe A L M B, déterminé par les droites F L J et L P, la droite F L J se meuve sans cesser de toucher la surface, et prenne la position infiniment voisine *f i*, de manière qu'elle touche la surface dans un point M, infiniment voisin du point L, et si l'on suppose que cette droite *f* M *i* se meuve parallèlement à elle-même en touchant toujours la surface, elle engendrera une nouvelle surface cylindrique *e f g h i k*, infiniment peu différente de la première, tant pour la forme que pour la position, et la ligne de contact de cette nouvelle surface cylindrique passera par le point M. La normale M Q à cette surface cylindrique au point M sera aussi normale à la surface courbe ; elle sera dans un même plan avec la première normale L P, puisqu'elles seront toutes deux dans le plan déterminé par les droites F L J, *f* M *i* ; et ce plan sera perpendiculaire à celui qui passe par les normales L P, N P. Les deux normales L P et M Q se rencontreront donc en un certain point R, qui sera le centre de courbure de l'arc L M, et par conséquent le centre de la courbure de la surface dans le sens du plan qui passe par les droites F L J, *f* M *i*.

On voit donc que si, considérant sur une surface courbe quelconque un point quelconque L, on conçoit une normale à la surface en ce point, on peut toujours passer, suivant deux directions différentes, à un autre point M ou N, pour lequel la nouvelle normale soit dans un même plan avec la première, et que ces deux directions étant dans des plans normaux rectangulaires entre eux, elles sont elles-mêmes à angles droits sur la surface courbe.

122. Actuellement ces deux directions sont en général les seules pour lesquelles cet effet puisse avoir lieu ; c'est-à-dire, que si sur la surface courbe on passe dans toute autre direction à un point O, infiniment voisin du point L, et que si par ce point on mène à la surface la normale O Q, cette normale ne sera pas dans un même plan avec la normale L P, et ne pourra par conséquent la rencontrer.

En effet, concevons que la seconde surface cylindrique ait été inclinée de telle manière, que sa ligne de contact avec la surface passe par le point O, l'arc OM de cette ligne de contact se confondra avec l'arc de la section C'O M D' perpendiculaire à la surface cylindrique ; les deux normales en O et en M à la surface seront aussi normales à la surface cylindrique ; elles seront dans le plan de la section perpendiculaire ; elles se rencontreront quelque part en un point Q : mais la normale O Q ne rencontrera pas la normale LP ; car pour que ces deux normales se rencontrassent, il faudroit que le point Q de la normale coïncidât avec le point R, dans lequel cette normale rencontre LP ; ce qui en général n'arrive pas, parce que cela suppose une égalité entre les courbures des deux arcs LM et LN, et ce qui ne peut avoir lieu que pour certains points de quelques surfaces courbes. Par exemple, la courbure de la surface de la sphère étant la même dans tous les sens, suivant quelque direction que l'on passe d'un de ses points à un autre infiniment proche, les normales menées par ces deux points sont toujours dans un même plan ; et cette surface est la seule pour laquelle cette propriété convienne à tous les points. Dans les surfaces de révolution pour lesquelles la courbe génératrice coupe l'axe perpendiculairement, la courbure au sommet est encore la même dans tous les sens, et deux normales consécutives sont toujours dans un même plan ; mais cette propriété n'a lieu que pour le sommet. Enfin il existe des surfaces courbes, dans lesquelles cette propriété a lieu pour une suite de points qui forment une certaine courbe sur la surface : mais cela n'arrive que pour les points de cette courbe ; et pour tous les autres points de la surface, la nouvelle normale ne peut rencontrer la première, à moins que le point de la surface par lequel elle passe, ne soit pris suivant l'une des deux directions que nous ayons définies.

123. Il suit de là qu'en général une surface quelconque n'a, dans chacun de ses points, que deux courbures ; que chacune de ces courbures a son centre particulier, son rayon particulier, et que les deux arcs sur lesquels se prennent ces deux courbures sont à angles droits sur la surface. Les cas particuliers pour lesquels, comme dans la sphère, et dans les sommets de surfaces de révolution, deux normales consécutives quelconques se rencontrent, ne sont pas une exception à cette proposition. Il résulte seulement que pour ces cas, les deux courbures

sont égales entre elles , et que les directions suivant lesquelles on doit les estimer sont indifférentes.

124. Quoique les deux courbures d'une surface courbe soient assujetties l'une à l'autre par la loi de la génération de la surface, elles éprouvent d'un point de la surface à l'autre des variations qui peuvent être dans le même sens ou dans des sens contraires. Nous ne pouvons pas entrer, à cet égard, dans de très-grands détails, qui deviendroient beaucoup moins pénibles par le secours de l'analyse; nous nous contenterons d'observer que pour certaines surfaces , telles que les sphéroïdes, dans chaque point les deux courbures sont dans le même sens , c'est-à-dire qu'elles tournent leurs convexités du même côté ; que pour quelques autres surfaces, dans certains points, les deux courbures sont dans des sens opposés , c'est-à-dire que l'une présente sa concavité , et l'autre sa convexité du même côté (la surface de la gorge d'une poulie est dans ce cas) ; que pour quelques autres surfaces dans tous les points, les deux courbures sont dans des sens opposés (la surface engendrée par le mouvement d'une ligne droite , assujettie à couper toujours trois autres droites données arbitrairement dans l'espace, est dans ce cas) ; enfin que dans une surface particulière ces deux courbures opposées sont , pour chaque point, égales entre elles. Cette surface est celle dont l'aire est un *minimum*.

125. Passons maintenant à quelques conséquences qui suivent des deux courbures d'une surface courbe , et qu'il est important de faire connoître aux artistes.

Soit (*fig.* 49) une portion de surface courbe quelconque, sur laquelle nous considérions un point L pris arbitrairement, et soit conçue la normale à la surface en L. Nous venons de voir que l'on peut passer, suivant deux directions différentes, du point L à un autre M ou L', pour lequel la nouvelle normale rencontre la première, et que ces deux directions sont à angles droits sur la surface. Soient donc L M et L L' ces deux directions rectangulaires en L. Du point M, on pourra de même passer dans deux directions différentes à un autre point N ou M', pour lequel la normale rencontre la normale en M, et soient M N et M M' ces deux directions, rectangulaires en M. En opérant de même pour le

point

point N, on trouvera les deux directions NO et NN' rectangulaires en N; pour le point O, l'on aura les deux directions OP, OO', et ainsi de suite. La série des points L, M, N, O, P...... etc., pour lesquels deux normales consécutives sont toujours dans un plan, formera sur la surface courbe une ligne courbe, qui indiquera perpétuellement le sens d'une des deux courbures de la surface, et cette courbe sera une ligne de première courbure, qui passera par le point L. Si l'on opère pour le point L', comme on l'a fait pour le point L, on pourra d'abord passer, suivant deux directions rectangulaires, à un nouveau point M' ou L'', pour lequel la nouvelle normale rencontre la normale en L', et on trouvera de même une nouvelle série de points L', M', N', O', P'....., etc., qui formeront sur la surface courbe une autre ligne de première courbure, qui passera par le point L'. En opérant de même pour la suite des points L'', L''', L''''.... trouvés comme L', L'', on aura de nouvelles lignes de première courbure L'' M'' N'' O'' P'', L''' M''' N''' O''' P'''..... etc., qui passeront par les points respectifs L'', L''', L''''..... etc., et qui diviseront la surface courbe en zônes. Mais la suite des points L, L', L'', L''', pour lesquels deux normales consécutives sont encore dans un plan, formera sur la surface courbe une autre courbe qui indiquera perpétuellement le sens de l'autre courbure de la surface, et cette courbe sera la ligne de seconde courbure ; M, M', M'', M''',... etc., formera une autre ligne de seconde courbure, qui passera par le point M; la série des points N, N', N'', N'''.... formera une nouvelle ligne de seconde courbure qui passera par le point N, et ainsi de suite, et toutes les lignes de seconde courbure diviseront la surface courbe en d'autres zônes. Enfin toutes les lignes de première courbure couperont à angles droits toutes les lignes de seconde courbure, et ces deux systèmes de lignes courbes diviseront la surface en élémens rectangulaires ; et cet effet aura lieu, non-seulement si ces lignes sont infiniment proches, comme nous l'avons supposé, mais même quand celles d'un même système seroient à des distances finies les unes des autres. Avant que d'aller plus loin, nous allons en apporter un exemple, avec lequel on est déja familiarisé.

126. Si l'on coupe une surface quelconque de révolution par une suite de plans menés par l'axe, on aura une suite de sections qui seront

Q

les lignes d'une des courbures de la surface ; car pour qu'une courbe soit
ligne de courbure d'une surface , il faut qu'en chacun de ses points ,
l'élément de surface cylindrique qui toucheroit la surface dans l'élément
de la courbe , ait sa droite génératrice perpendiculaire à la courbe ; or
cette condition a évidemment lieu ici , non-seulement en chaque point
de la courbe pour un élément de surface cylindrique particulière , ce
qui seroit suffisant , mais même par rapport à toute la courbe pour une
même surface cylindrique. De plus , si l'on coupe la même surface de
révolution par une suite de plans perpendiculaires à l'axe, on aura une
seconde suite de sections , qui seront toutes circulaires, et qui seront les
lignes de l'autre courbure ; car si par un point quelconque d'une de ces
sections, on conçoit la tangente au méridien de la surface, et si l'on
suppose que cette tangente se meuve parallèlement à elle-même pour
engendrer l'élément d'une surface cylindrique tangent à la surface ,
l'élément de la surface cylindrique touchera la surface de révolution
dans l'arc de cercle , et cet arc sera perpendiculaire à la droite génératrice. Ainsi , pour une surface quelconque de révolution , les lignes de
courbure sont, pour une espèce de courbure , les méridiens de la surface , et pour l'autre courbure , les parallèles ; et il est évident que ces
deux suites de courbes se coupent toutes à angles droits sur la surface.

127. (*Fig.* 49). Si par tous les points d'une des lignes de courbure L M N O P d'une surface courbe on conçoit des normales à la surface, nous avons vu que la seconde normale rencontrera la première
en un certain point, que la troisième rencontrera la seconde en un autre
point , et ainsi de suite ; le système de ces normales , dont deux consécutives sont toujours dans un même plan , forme donc une surface développable, qui est par-tout perpendiculaire à la surface courbe , et qui la
coupe suivant la ligne de courbure. Cette ligne de courbure étant elle-
même par-tout perpendiculaire aux normales qui composent la surface
développable , est aussi une ligne de courbure de cette dernière surface.
L'arête de rebroussement de la surface développable, arête qui est formée par la suite des points de rencontre des normales consécutives, et
à laquelle toutes les normales sont tangentes , est une des développées de
la courbe L M N O P ; elle est le lieu des centres de courbure de tous les
points de cette courbe, et elle est aussi celui des centres d'une des cour-

bures de la surface pour les points qui sont sur la ligne L M N O P. Si
l'on fait la même observation pour toutes les autres lignes de courbure
de la même suite, telles que L' M' N' O' P', L" M" N" O" P".... etc. toutes
les normales de la surface courbe pourront être regardées comme composant une suite de surfaces développables, toutes perpendiculaires à la
surface, et le système des arêtes de rebroussement de toutes ces surfaces
développables formera une surface courbe qui sera le lieu de tous les
centres d'une des courbures de la surface courbe.

Ce que nous venons de remarquer pour une des deux courbures de
la surface, a également lieu pour l'autre. En effet, si par tous les
points L, L', L", L'".... etc. d'une des lignes de l'autre courbure, on
conçoit des normales à la surface, ces droites seront consécutivement
deux à deux dans un même plan; leur système formera une surface
développable, qui sera par-tout perpendiculaire à la surface, et qui la
rencontrera dans la ligne de courbure L L' L" L'".... qui sera elle-même
une ligne de courbure de la surface développable. L'arête de rebroussement de cette dernière surface sera le lieu des centres de courbure de
la ligne L L' L" L'"...., et en même temps celui des centres de seconde
courbure de la surface courbe pour tous les points de la ligne L L' L" L'"...
Il en sera de même pour toutes les normales menées par les points des
autres lignes de courbure M M' M" M'"...., N N' N" N'".... En sorte que
toutes les normales de la surface courbe pourront être regardées de nouveau comme composant une seconde suite de surfaces développables,
toutes perpendiculaires à la surface, et le système des arêtes de rebroussement de toutes ces nouvelles surfaces développables, formera une
seconde surface courbe, qui sera le lieu des centres de la seconde courbure de la surface.

128. Dans quelques cas particuliers, les surfaces des centres des deux
courbures d'une même surface courbe sont distinctes, c'est-à-dire,
qu'elles peuvent être engendrées séparément, ou qu'elles ont leurs équations séparées. On en a un exemple dans les surfaces de révolution,
pour lesquelles une de ces surfaces se réduit à l'axe même de rotation, et pour lesquelles l'autre est une autre surface de révolution
engendrée par la rotation de la développée plane du méridien autour du
même axe. Mais le plus souvent, et dans le cas général, ces deux

surfaces ne sont point distinctes, elles ne peuvent être engendrées séparément; elles ont la même équation, et elles sont deux nappes différentes d'une même surface courbe.

129. On voit donc que toutes les normales d'une surface courbe peuvent être considérées comme les intersections de deux suites de surfaces développables, telles que chacune des surfaces développables rencontre la surface courbe perpendiculairement, et la coupe suivant une
courbe qui est en même temps ligne de courbure de la surface courbe
et ligne de courbure de la surface développable, et que chacune des
surfaces développables de la première suite, coupe toutes celles de la
seconde suite en ligne droite et à angles droits.

130. Voyons actuellement quelques exemples de l'utilité dont ces généralités peuvent être dans certains arts. Le premier exemple sera pris
dans l'architecture.

Les voutes construites en pierres de taille sont composées de pièces
distinctes auxquelles on donne le nom générique de *voussoirs*. Chaque
voussoir a plusieurs faces qui exigent la plus grande attention dans
l'exécution ; 1°. la face qui doit faire parement, et qui devant être une
partie de la surface visible de la voute, doit être exécutée avec la plus
grande précision, cette face se nomme *Douelle ;* 2°. les faces par lesquelles les voussoirs consécutifs s'appliquent les uns contre les autres,
on les nomme généralement *joints*. Les joints exigent aussi la plus grande
exactitude dans leur exécution ; car la pression se transmettant d'un
voussoir à l'autre perpendiculairement à la surface du joint, il est nécessaire que les deux pierres se touchent par le plus grand nombre
possible de points, afin que pour chaque point de contact, la pression soit
la moindre, et que pour tous elle approche le plus de l'égalité. Il faut
donc que dans chaque voussoir les joints approchent le plus de la véritable surface dont ils doivent faire partie ; et pour que cet objet soit
plus facile à remplir, il faut que la surface des joints soit de la nature
la plus simple et de l'exécution la plus susceptible de précision. C'est
pour cela que l'on fait ordinairement les joints plans ; mais les surfaces
de toutes les voûtes ne comportent pas cette disposition, et dans quelques-unes on blesseroit trop les convenances dont nous parlerons dans

un moment, si l'on ne donnoit pas aux joints une surface courbe. Dans
ce cas, il faut choisir parmi toutes les surfaces courbes qui pourroient
d'ailleurs satisfaire aux autres conditions, celles dont la génération est
la plus simple, et dont l'exécution est plus susceptible d'exactitude.
Or, de toutes les surfaces courbes, celles qu'il est plus facile d'exécuter
sont celles qui sont engendrées par le mouvement d'une ligne droite,
et sur-tout les surfaces développables ; ainsi, lorsqu'il est nécessaire
que les joints des voussoirs soient des surfaces courbes, on les compose,
autant qu'il est possible, de surfaces développables.

Une des principales conditions auxquelles la forme des joints des
voussoirs doit satisfaire, c'est d'être par-tout perpendiculaires à la surface de la voûte que ces voussoirs composent. Car, si les deux angles
qu'un même joint fait avec la surface de la voûte étoient sensiblement
inégaux, celui de ces angles qui excèderoit l'angle droit seroit capable
d'une plus grande résistance que l'autre ; et dans l'action que deux
voussoirs consécutifs exercent l'un sur l'autre, l'angle plus petit que
l'angle droit, seroit exposé à éclater, ce qui, au moins, déformeroit
la voûte, et pourroit même altérer sa solidité, et diminuer la durée de
l'édifice. Lors donc que la surface d'un joint doit être courbe, il convient de l'engendrer par une droite qui soit par-tout perpendiculaire
à la surface de la voûte ; et si l'on veut de plus que la surface du joint
soit développable, il faut que toutes les normales à la surface de la
voûte, et qui composent, pour ainsi dire, le joint, soient consécutivement deux à deux dans un même plan. Or nous venons de voir que
cette condition ne peut être remplie, à moins que toutes les normales
ne passent par une même ligne de courbure de la surface de la voûte ;
donc, si les surfaces des joints des voussoirs d'une voûte doivent être
développables, il faut nécessairement que ces surfaces rencontrent celle
de la voûte dans ses lignes de courbure.

D'ailleurs, avec quelque précision que les voussoirs d'une voûte soient
exécutés, leur division est toujours apparente sur la surface ; elle y
trace des lignes très-sensibles, et ces lignes doivent être soumises à des
lois générales, et satisfaire à des convenances particulières, selon la
nature de la surface de la voûte. Parmi les lois générales, les unes sont
relatives à la stabilité, les autres à la durée de l'édifice ; de ce nombre
est la règle qui prescrit que les joints d'un même voussoir soient rectan-

gulaires entre eux, par la même raison qu'ils doivent être eux-mêmes perpendiculaires à la surface de la voûte. Aussi les lignes de division des voussoirs doivent être telles que celles qui divisent la voûte en assises, soient toutes perpendiculaires à celles qui divisent une même assise en voussoirs. Quant aux convenances particulières, il y en a de plusieurs sortes, et notre objet n'est pas ici d'en faire l'énumération; mais il y en a une principale, c'est que les lignes de division des voussoirs qui, comme nous venons de le voir, sont de deux espèces, et qui doivent se rencontrer toutes perpendiculairement, doivent aussi porter le caractère de la surface à laquelle elles appartiennent. Or, il n'existe pas de ligne sur la surface courbe qui puisse remplir en même temps toutes ces conditions que les deux suites de lignes de courbures, et elles les remplissent complétement. Ainsi la division d'une voûte en voussoirs doit donc toujours être faite par des lignes de courbure de la surface de la voûte, et les joints doivent être des portions de surfaces développables formées par la suite des normales à la surface qui, considérées consécutivement, sont deux à deux dans un même plan; ensorte que pour chaque voussoir, les surfaces des quatre joints, et celle de la voûte, soient toutes rectangulaires.

Avant la découverte des considérations géométriques sur lesquelles tout ce que nous venons de dire est fondé, les artistes avoient un sentiment confus des lois auxquelles elles conduisent, et, dans tous les cas, ils avoient coutume de s'y conformer. Ainsi, par exemple, lorsque la surface de la voûte étoit de révolution, soit qu'elle fût en sphéroïde, soit qu'elle fût en berceau tournant, ils divisoient ses voussoirs par des méridiens et par des parallèles, c'est-à-dire, par les lignes de courbure de la surface de la voûte.

Les joints qui correspondoient aux méridiens étoient des plans menés par l'axe de révolution; ceux qui correspondoient aux parallèles, étoient des surfaces coniques de révolution autour du même axe; et ces deux espèces de joints étoient rectangulaires entre eux, et perpendiculaires à la surface de la voûte. Mais, lorsque les surfaces des voûtes n'avoient pas une génération aussi simple, et quand leurs lignes de courbure ne se présentoient pas d'une manière aussi marquée, comme dans les voûtes en sphéroïdes alongés, et dans un grand nombre d'autres; les artistes ne pouvoient plus satisfaire à toutes les convenances, et ils sacrifioient, dans chaque cas particulier, celles qui leur présentoient les difficultés les plus grandes.

Il seroit donc convenable que, dans chacune des écoles de géométrie descriptive établie dans les districts, le professeur s'occupât de la détermination et de la construction des lignes de courbure des surfaces employées ordinairement dans les arts, afin que dans le besoin, les artistes qui ne peuvent pas consacrer beaucoup de temps à de semblables recherches, pussent les consulter avec fruit, et profiter de leurs résultats.

131. Le second exemple que nous rapporterons sera pris dans l'art de la gravure.

Dans la gravure les teintes des différentes parties de la surface des objets représentés, sont exprimées par des hachures que l'on fait d'autant plus fortes ou d'autant plus rapprochées, que la teinte doit être plus obscure.

Lorsque la distance à laquelle la gravure doit être vue est assez grande pour que les traits individuels de la hachure ne soient pas apperçus, le genre de la hachure est, à peu près indifférent; et quel que soit le contour de ces traits, l'artiste peut toujours les forcer et les multiplier, de manière à obtenir la teinte qu'il desire et à produire l'effet demandé. Mais, et c'est le cas le plus ordinaire, quand la gravure est destinée à être vue d'assez près pour que les contours des traits de la hachure soient apperçus, la forme de ces contours n'est plus indifférente. Pour chaque objet, et pour chaque partie de la surface d'un objet, il y a des contours de hachures plus propres que tous les autres, à donner une idée de la courbure de la surface; ces contours particuliers sont toujours au nombre de deux, et quelquefois les graveurs les emploient tous deux à la fois, lorsque, pour forcer plus facilement leurs teintes, ils croisent les hachures. Ces contours, dont les artistes n'ont encore qu'un sentiment confus, sont les projections des lignes de courbure de la surface qu'ils veulent exprimer. Comme les surfaces de la plupart des objets ne sont pas susceptibles de définition rigoureuse, leurs lignes de courbure ne sont pas de nature à être déterminées, ni par le calcul, ni par des constructions graphiques. Mais, si dans leur jeune âge, les artistes avoient été exercés à rechercher les lignes de courbure d'un grand nombre de surfaces différentes, et susceptibles de définitions exactes, ils seroient plus sensibles à la forme de ces lignes et à leur position, même pour les objets moins déterminés ; ils les saisiroient avec plus de précision, et leurs ouvrages auroient plus d'expression.

Nous n'insisterons pas sur cet objet qui ne présente peut-être que le moindre des avantages que les arts et l'industrie retireroient de l'établissement d'une école de géométrie descriptive dans chacun des districts de la République.

ADDITIONS.

I.

On a supposé (n°. 4) que trois surfaces cylindriques à bases circulaires avoient en général huit points communs. La note suivante n'a pas pour objet de démontrer cette proposition, mais seulement de faire comprendre comment elle peut avoir lieu.

Considérons d'abord deux surfaces cylindriques, et supposons que l'une ayant un diamètre sensiblement plus petit que l'autre, elles se pénètrent de manière que les axes se rencontrent, et fassent entre eux un angle beaucoup plus petit que l'angle droit. Il est évident que la surface dont le diamètre est le plus petit traversera l'autre de part en part, en faisant sur la face antérieure de celle-ci et sur sa face postérieure deux sections distinctes, semblables et très-alongées. Actuellement supposons que la troisième surface cylindrique ait un diamètre à peu près moyen entre ceux des deux autres, qu'elle pénètre celle dont le diamètre est le plus grand, de manière encore que les deux axes se rencontrent, mais sous un angle peu éloigné de l'angle droit, et qu'elle traverse les sections faites sur cette surface à peu près vers leurs milieux : il est clair que les sections qu'elle produira sur les deux faces du grand cylindre, étant plus larges et moins longues que celles qui sont formées par le petit cylindre, chacune des nouvelles sections coupera l'ancienne en quatre points. Ainsi il y aura quatre points communs aux trois surfaces cylindriques, sur la face antérieure de celle qui a le plus grand diamètre, et il y en aura quatre sur la face postérieure ; donc il y en aura huit. Dans certains cas particuliers, ce nombre peut être plus petit ; il peut être réduit à six, à quatre, à deux, et même à zéro, suivant les positions et les diamètres des surfaces.

R

Cette solution suppose qu'on sache mener des tangentes aux courbes qui dirigent le mouvement de la droite génératrice : on verra (paragraphe III) comment on mène les tangentes aux courbes lorsqu'elles résultent de l'intersection de deux surfaces connues , ou qu'elles sont données par la loi du mouvement d'un point générateur.

Ayant mené un plan tangent à une surface gauche par un point donné sur cette surface, on pourroit proposer de résoudre le problême inverse : « Etant donné le plan tangent, trouver le point de contact. » La solution seroit une conséquence facile de ce qui précède.

En effet le plan tangent à une surface gauche passe nécessairement par l'une des positions de la droite génératrice. Soit E E″ l'élément par lequel le plan tangent donné doit passer. On prolongera ce plan jusqu'à ce qu'il rencontre les droites F F″, G G″, et qu'il les coupe chacune en un point ; la droite, menée par les deux points d'intersection , aura avec l'élément E E″ un point commun , qui est le point de contact demandé.

Lorsqu'un plan touche une surface développable , le contact a lieu sur toute la longueur de la droite commune au plan et à la surface ; mais lorsqu'il touche une surface gauche, le contact n'a lieu qu'en un seul point de la droite qui leur est commune ; en tout autre point de cette droite il est sécant.

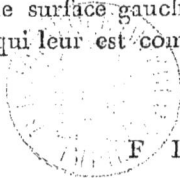

F I N.

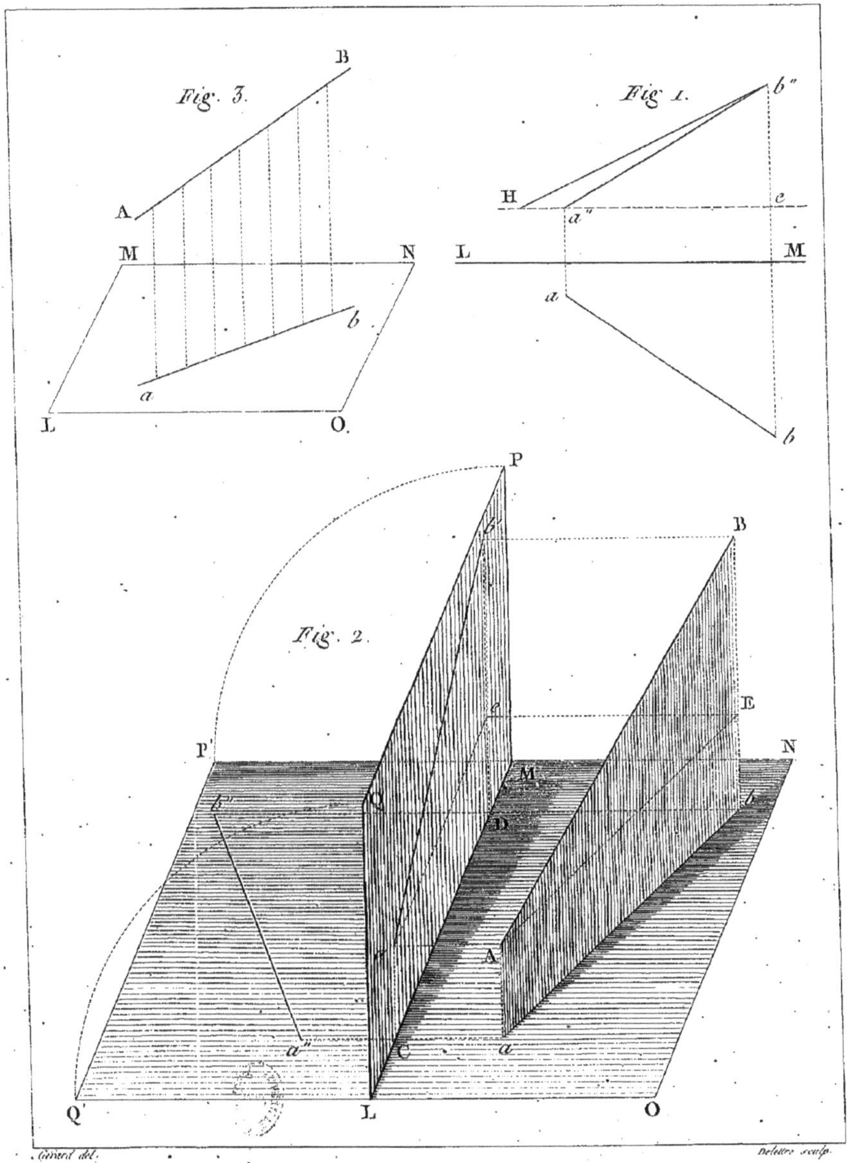

Fig. 3.

Fig. 1.

Fig. 2.

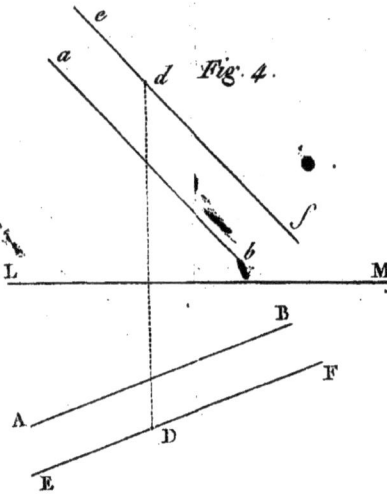

Fig. 4.

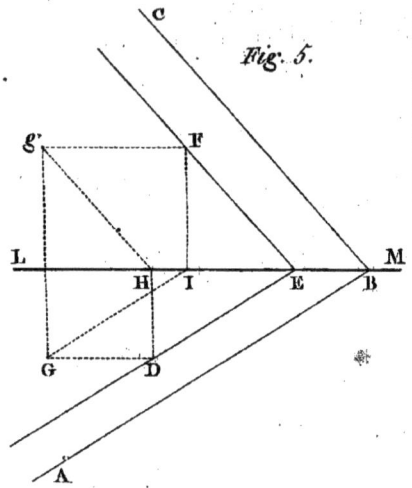

Fig. 5.

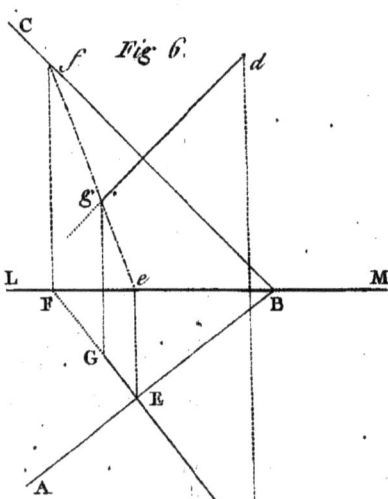

Fig. 6.

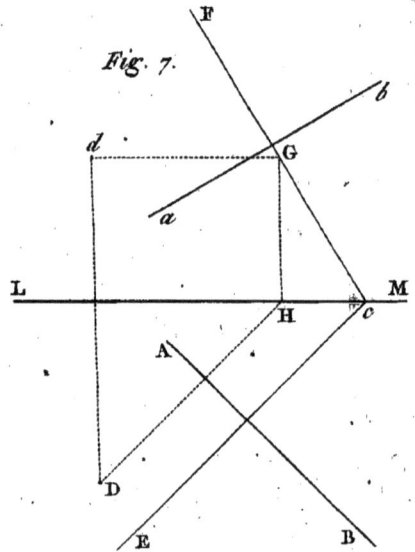

Fig. 7.

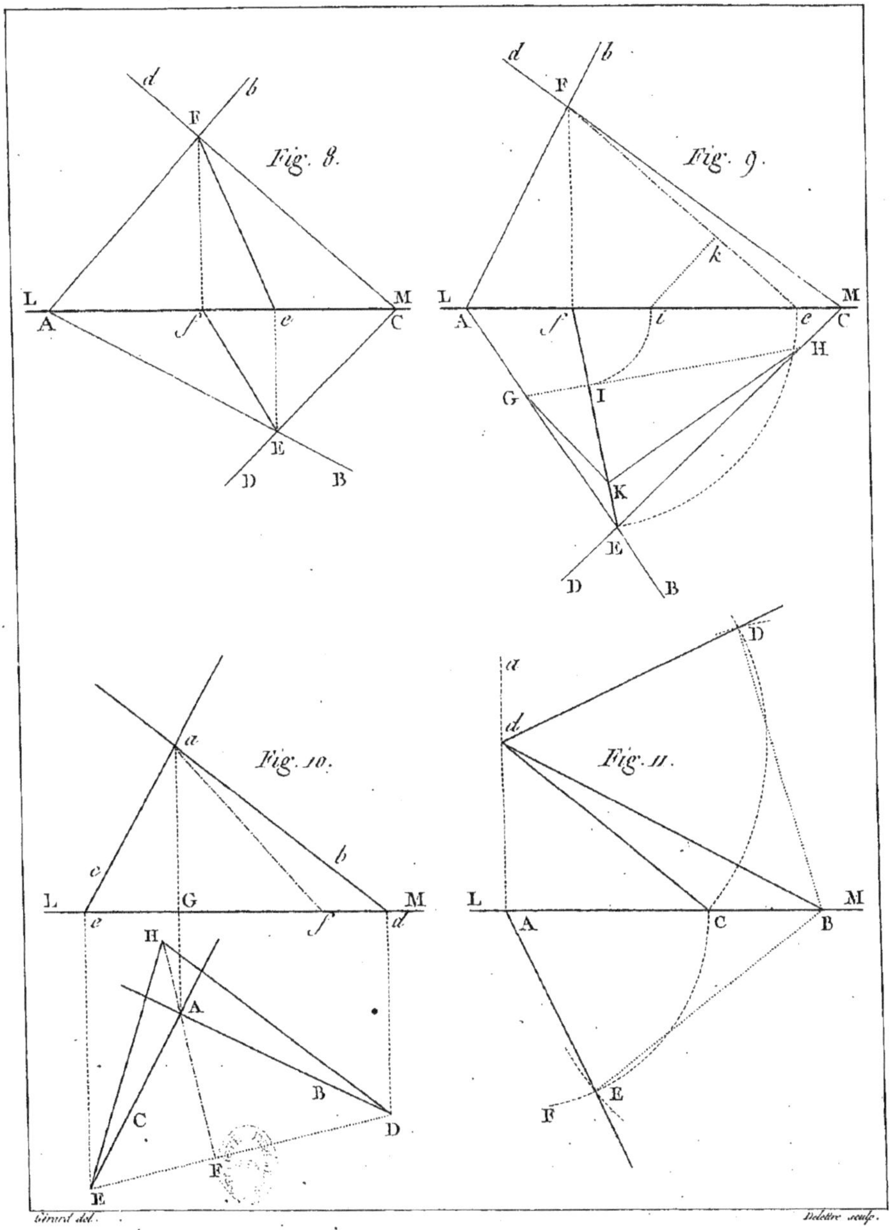

Fig. 8.

Fig. 9.

Fig. 10.

Fig. 11.

Girard del.

Delettre sculp.

Fig. 12.

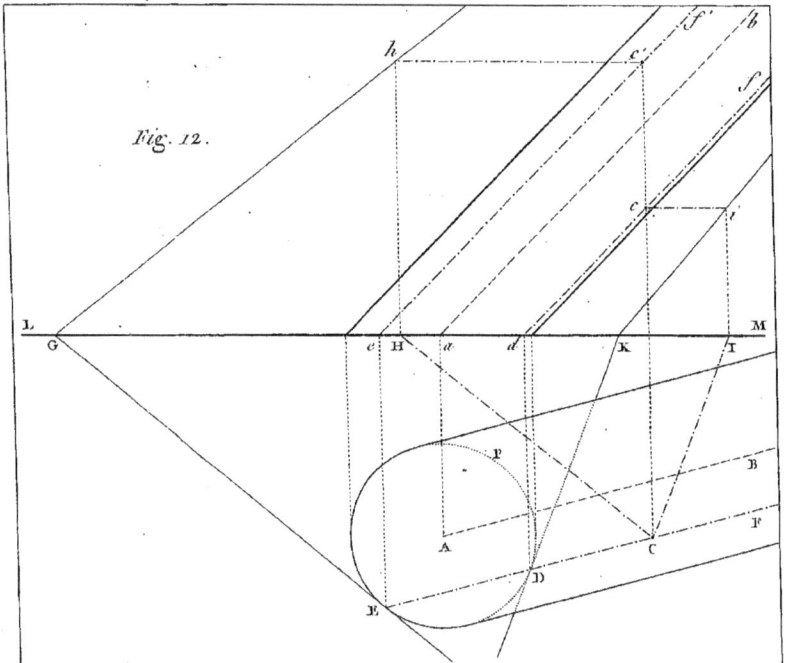

Fig. 13.

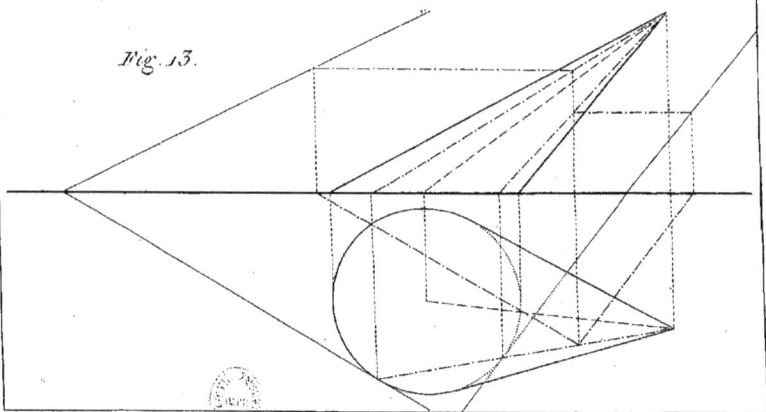

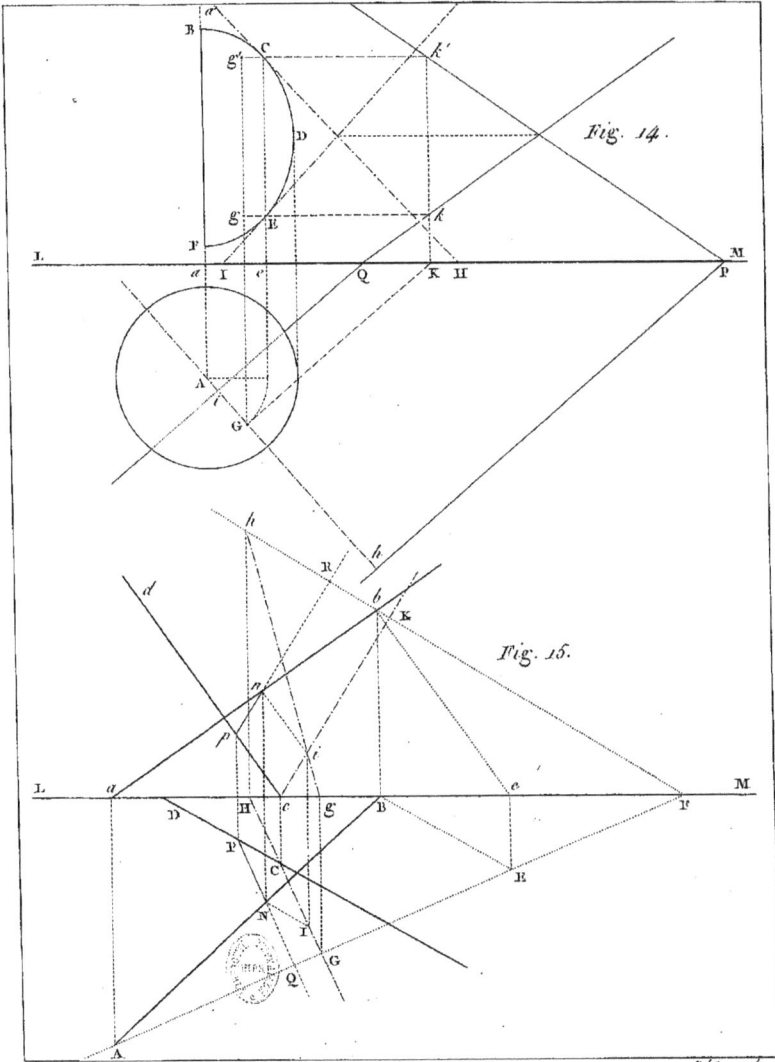

Fig. 14.

Fig. 15.

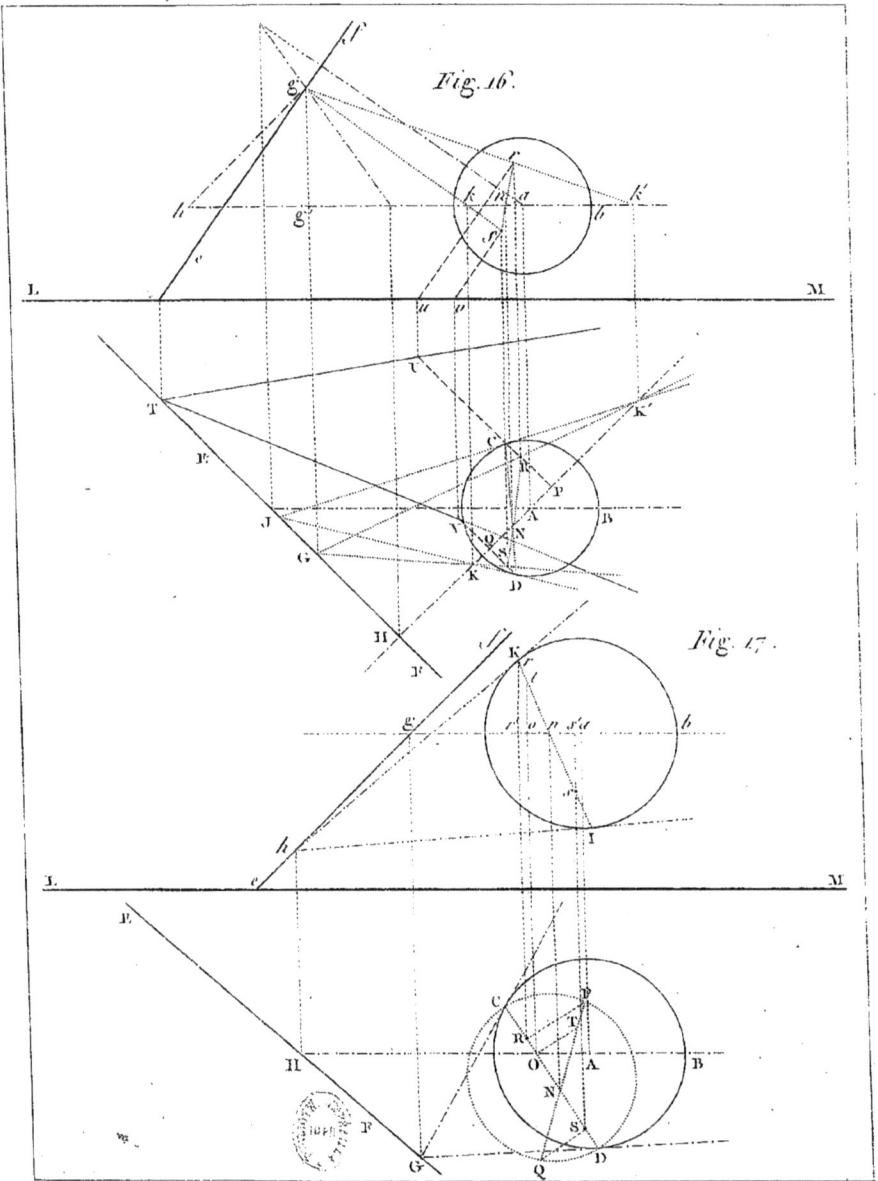

Fig. 16.

Fig. 17.

L
M

L
M

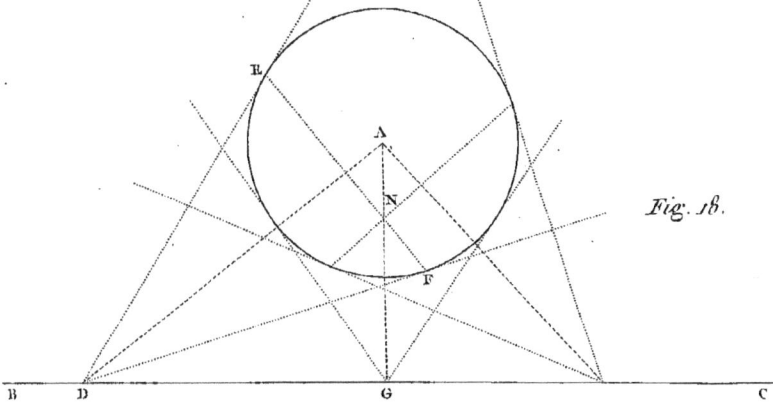

Fig. 18.

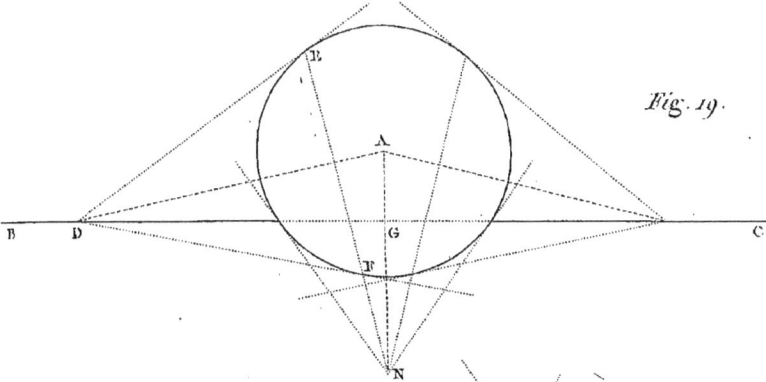

Fig. 19.

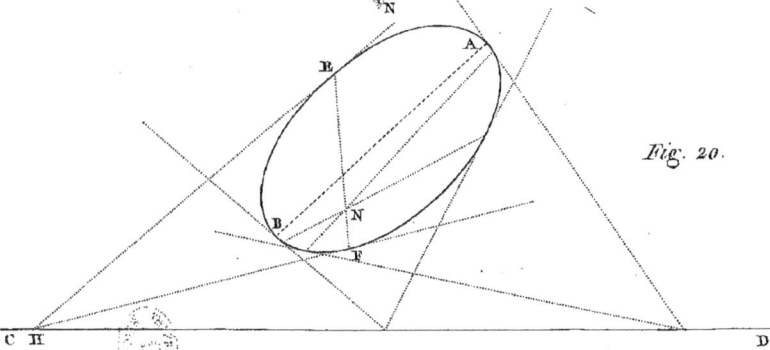

Fig. 20.

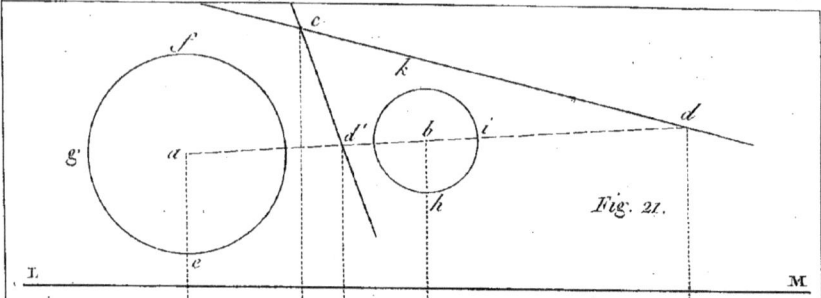

Fig. 21.

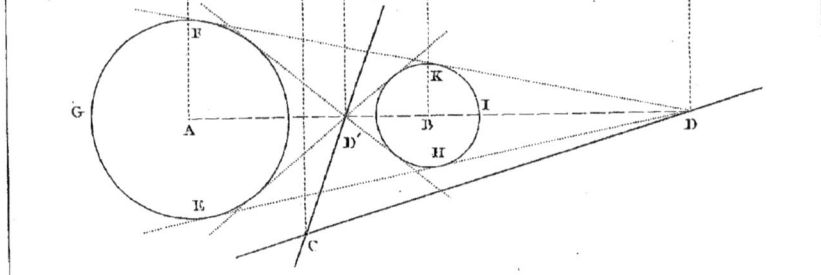

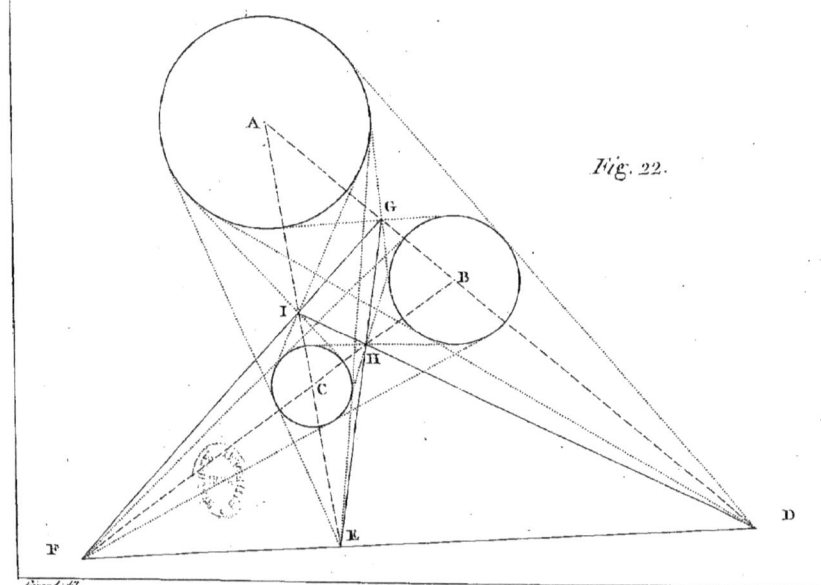

Fig. 22.

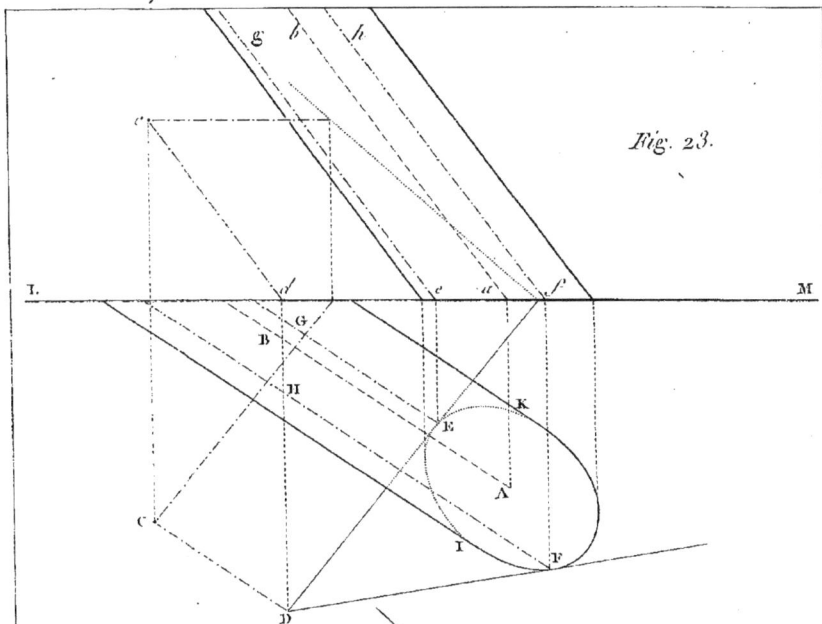

Fig. 23.

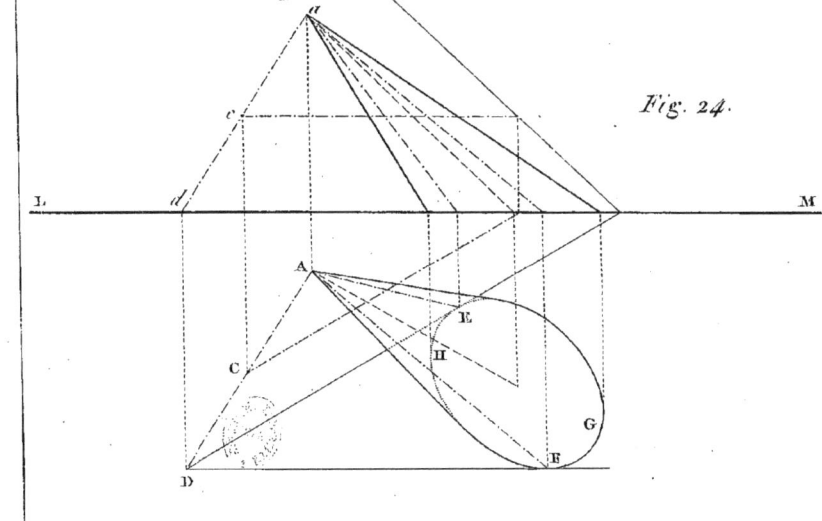

Fig. 24.

Girard del. *Delettre sculp.*

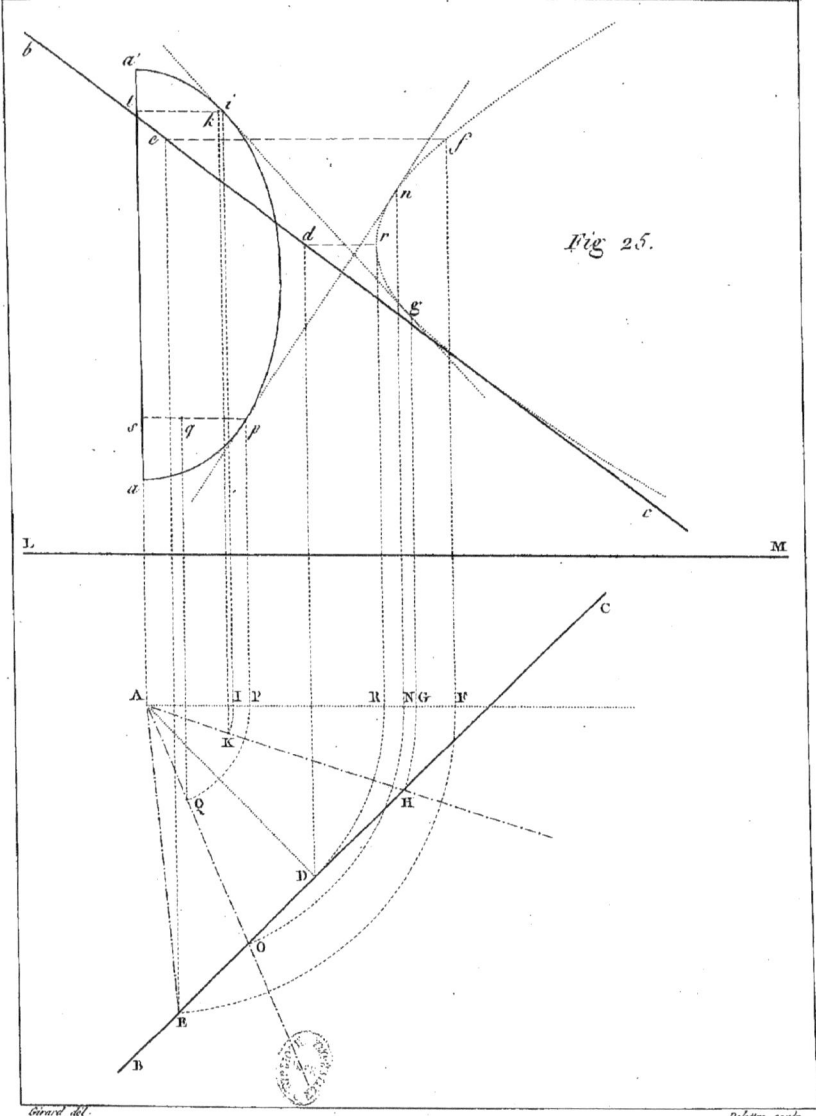

Fig. 25.

Fig. 26.

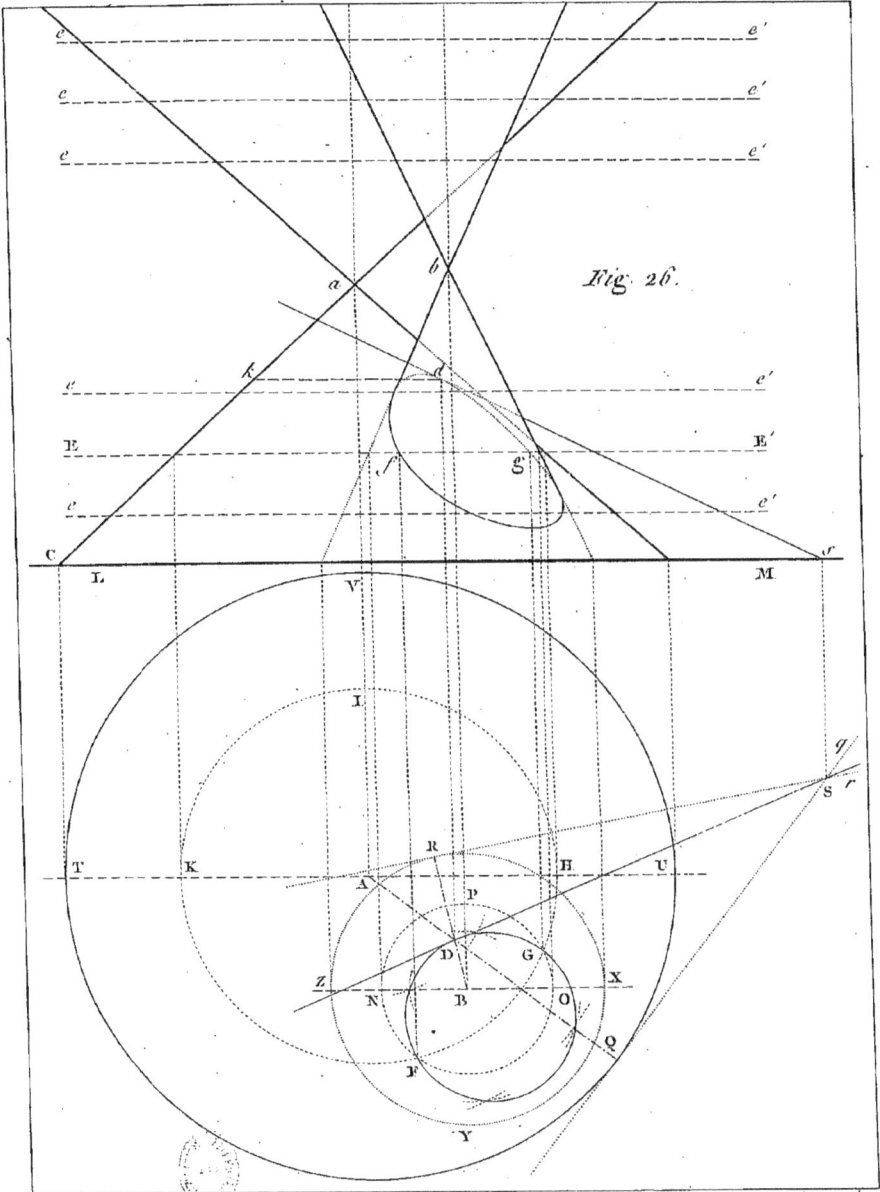

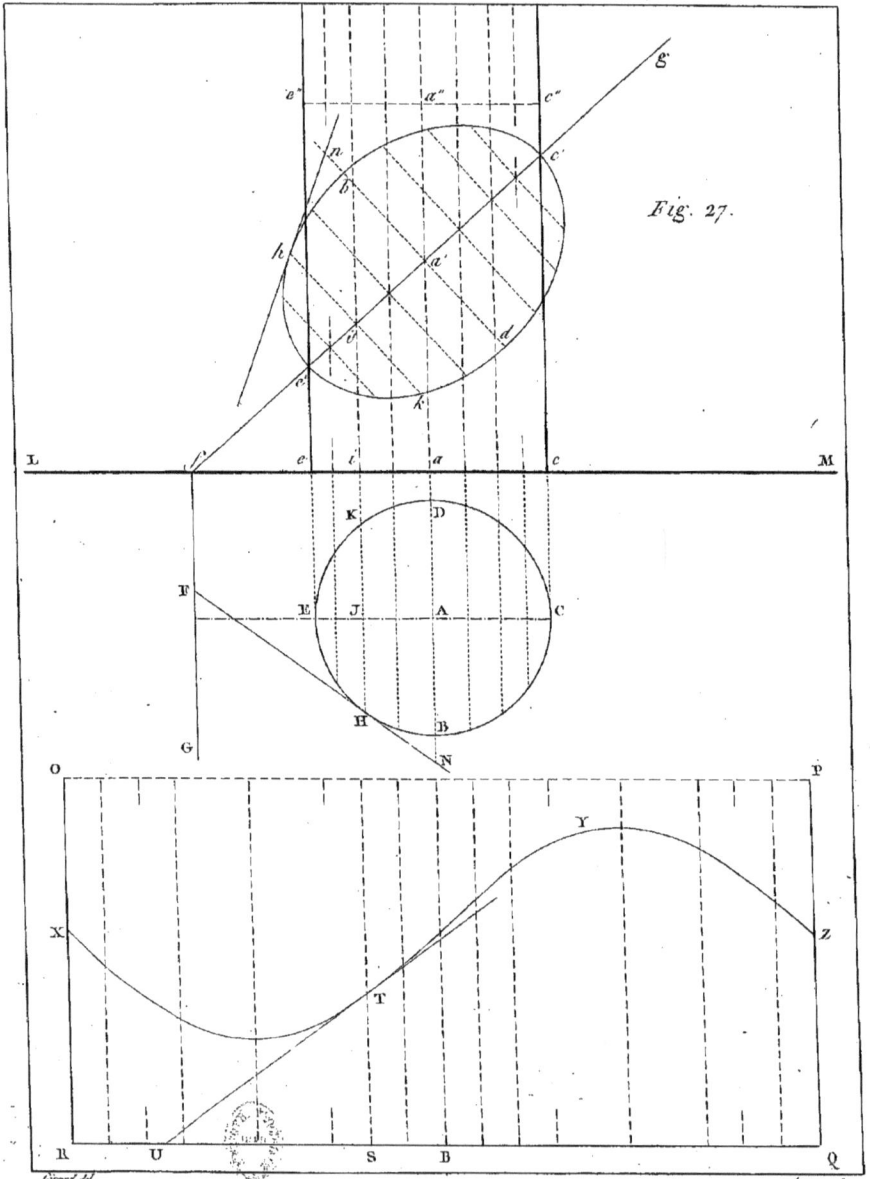

Fig. 27.

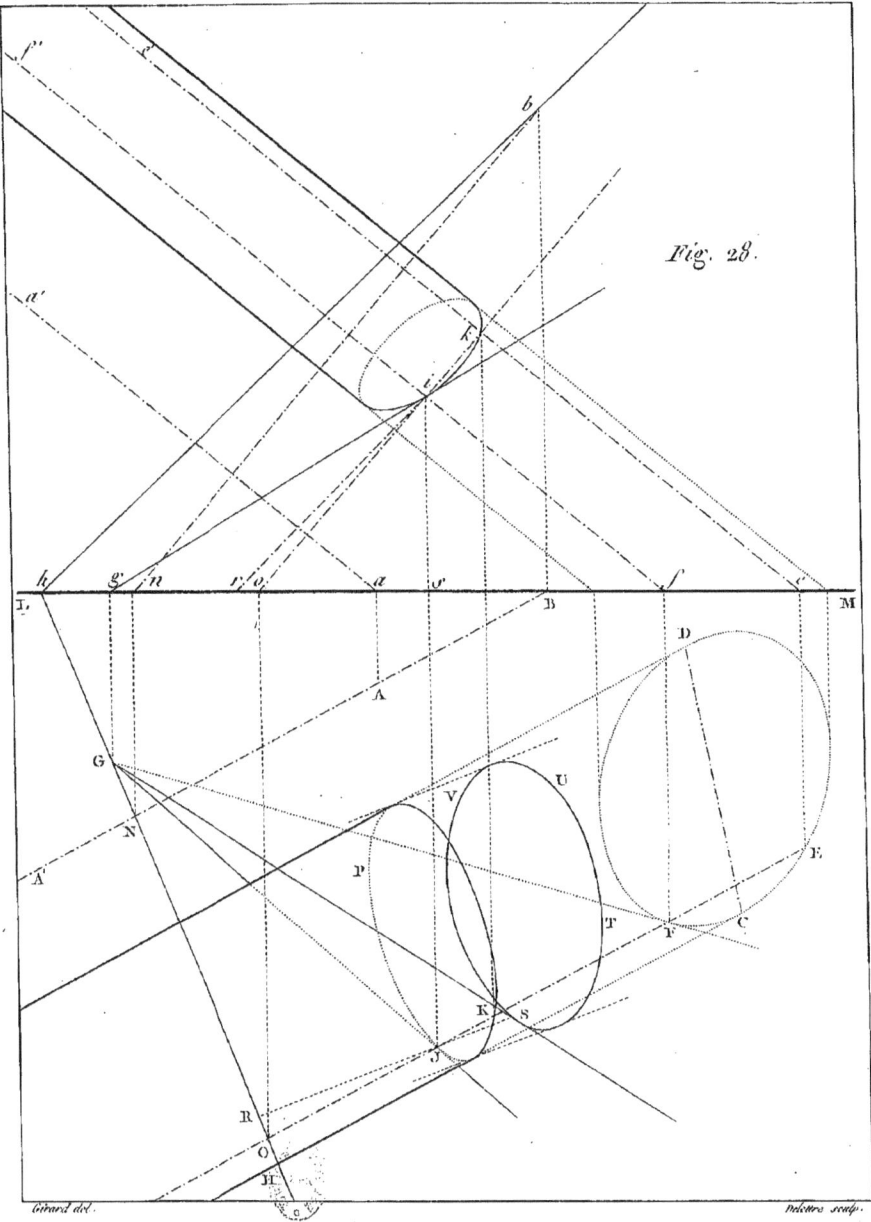

Fig. 28.

Fig. 29.

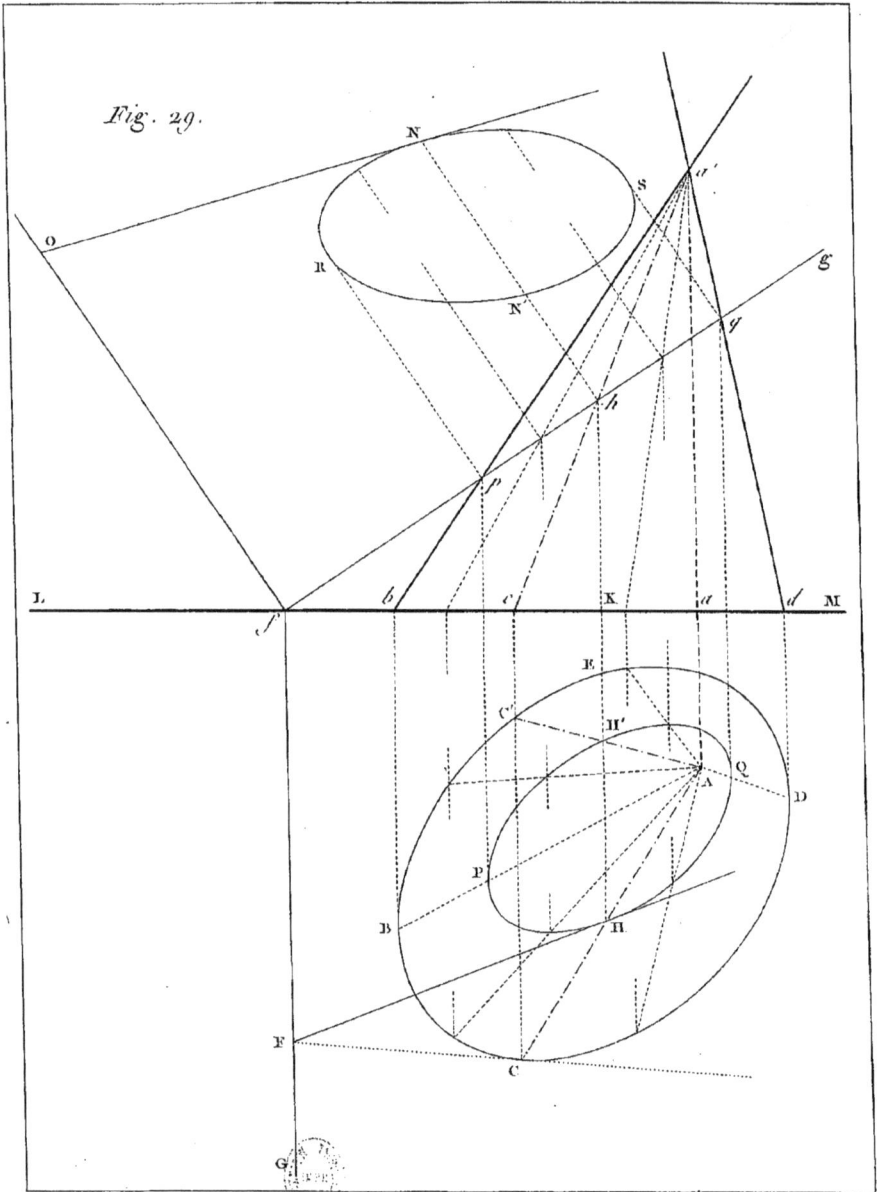

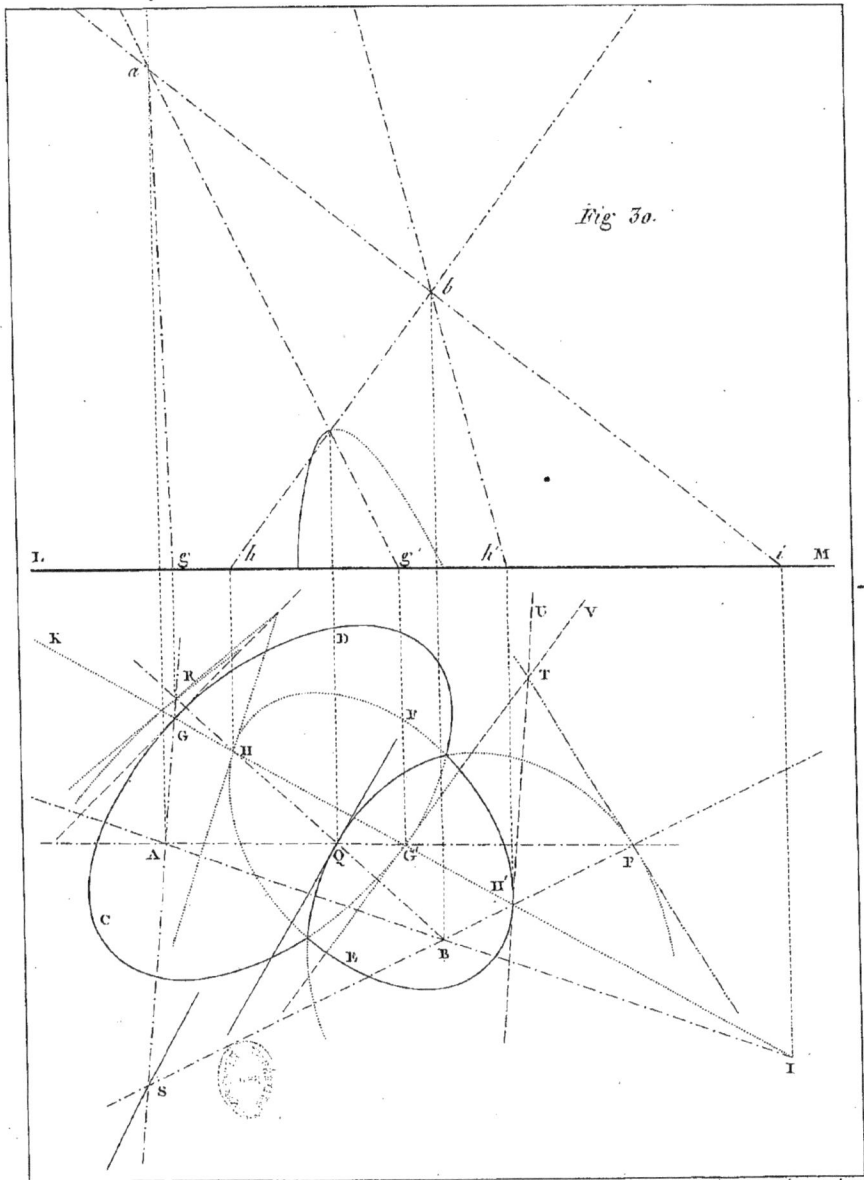

Fig. 30.

I.   *g*   *h*   *g'*   *h'*   *i*   M

K

D

R

T

G

H

F

U   V

A   Q   G'   H'   P

C

F   B

I

S

Girard del.   *Delettre sculp.*

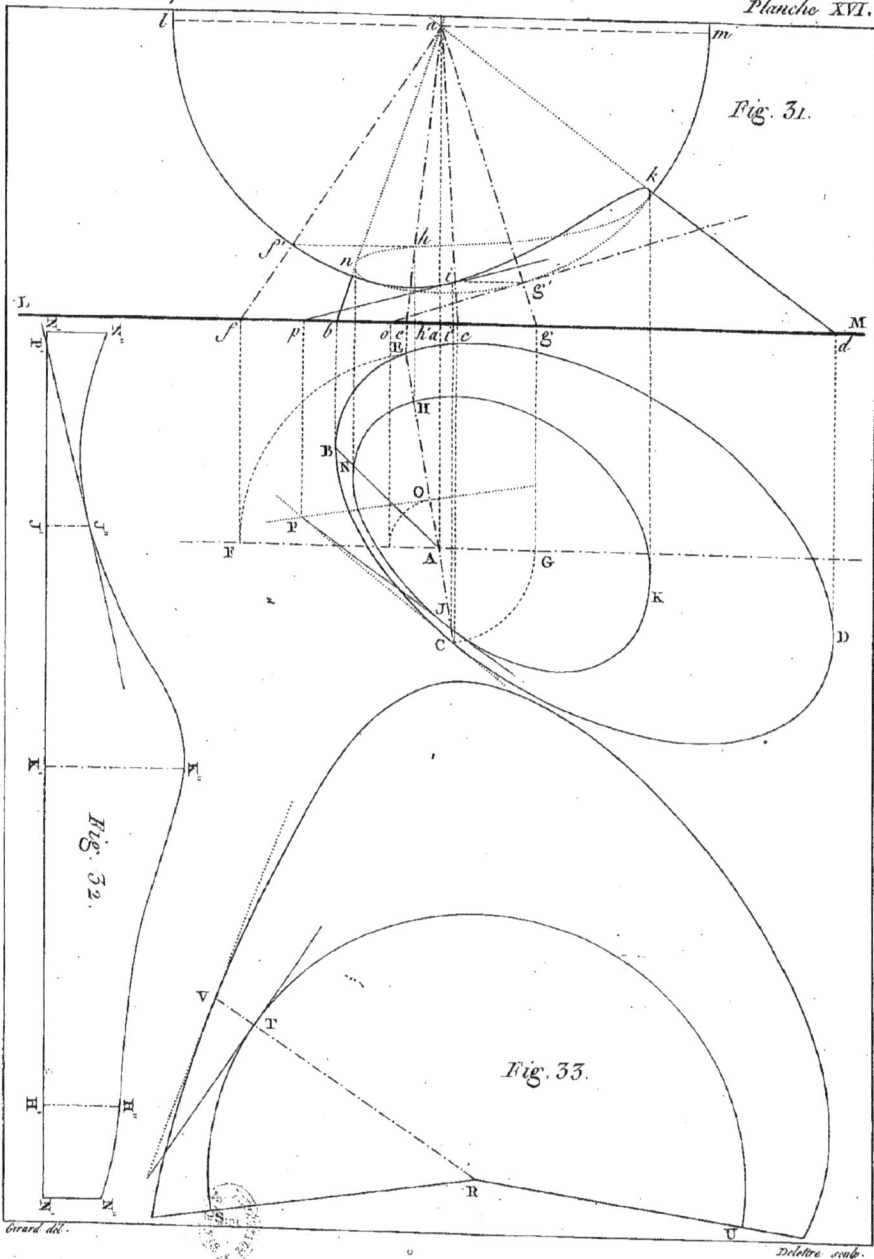

Fig. 31.

Fig. 32.

Fig. 33.

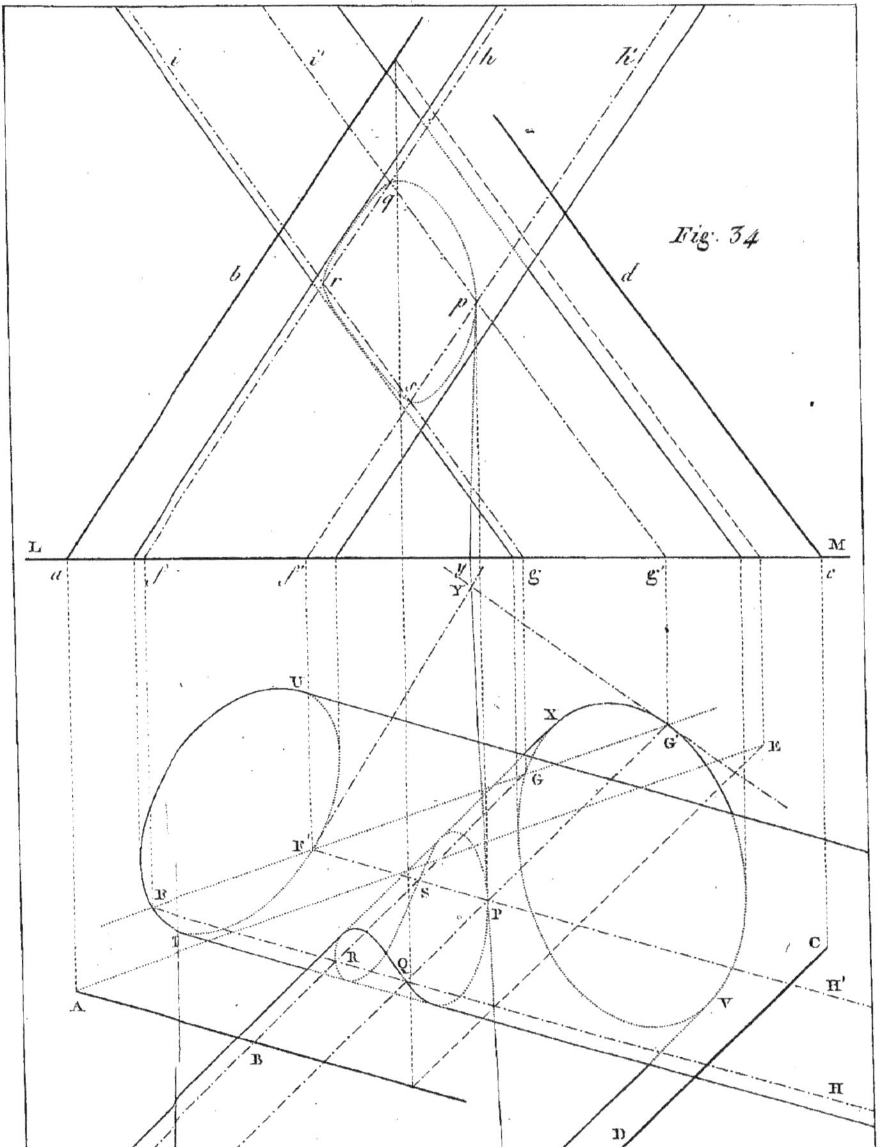

Fig. 34

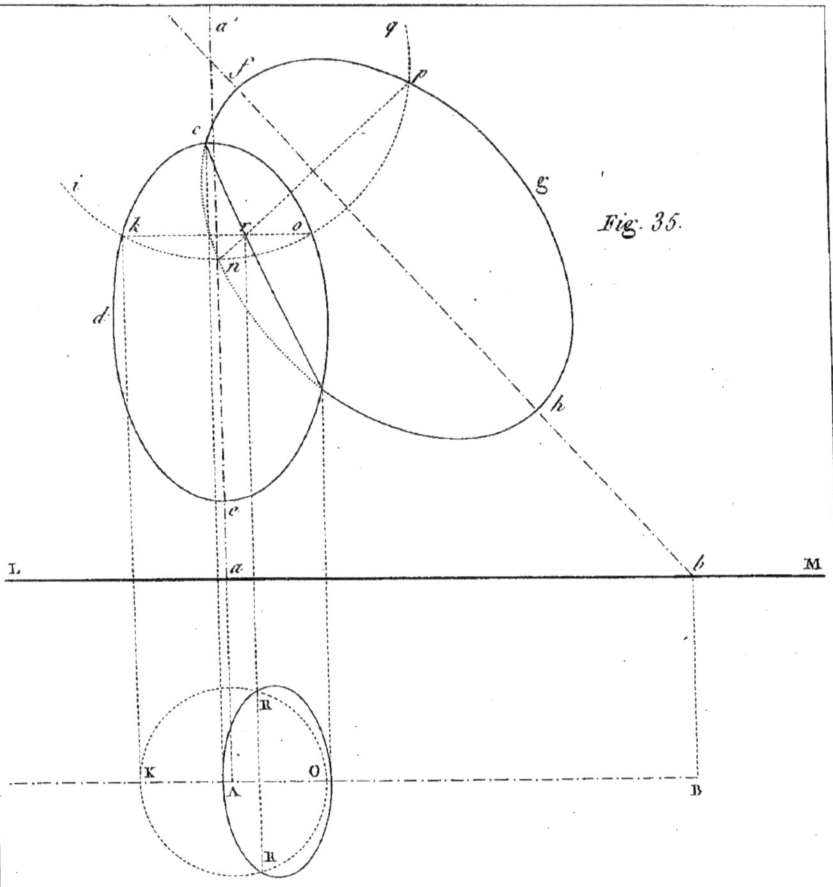

Fig. 35.

Fig. 36.

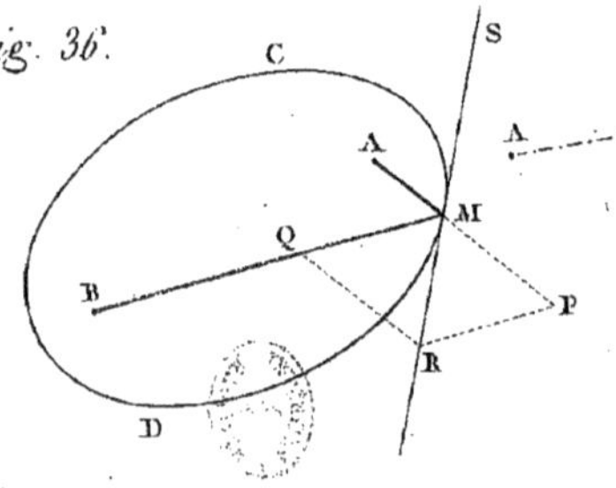

Fig. 37.

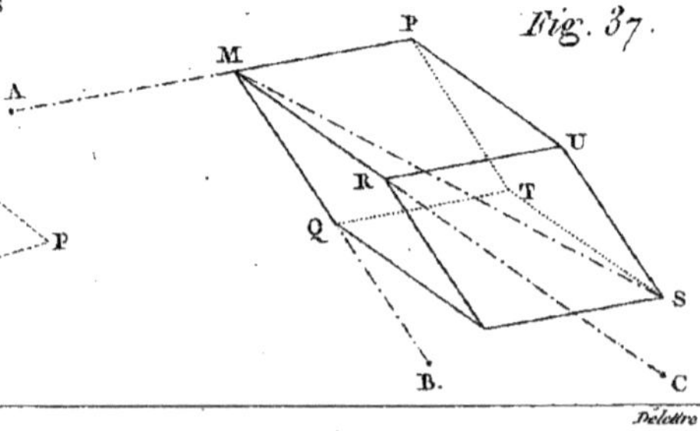

Girard del. *Delettre sculp.*

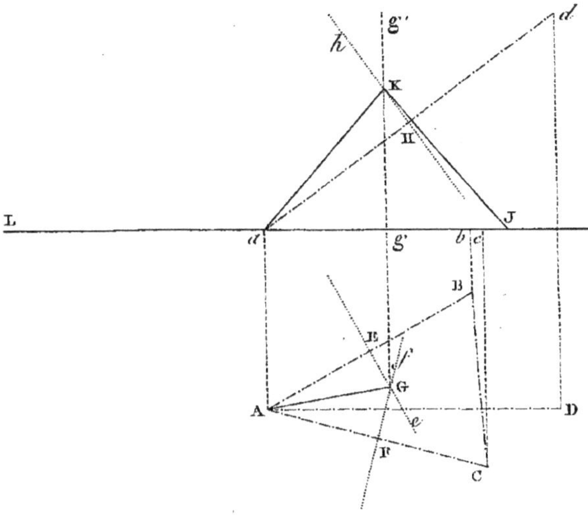

Fig. 38.

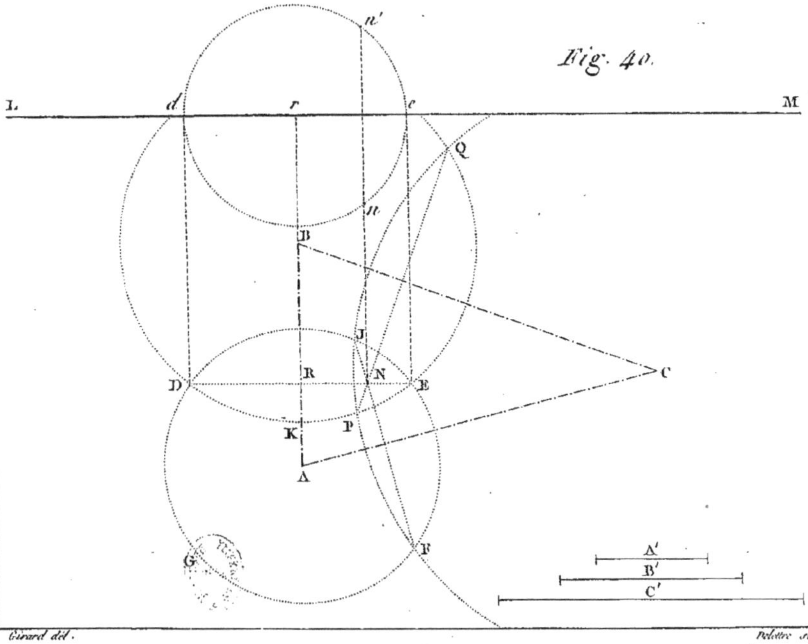

Fig. 40.

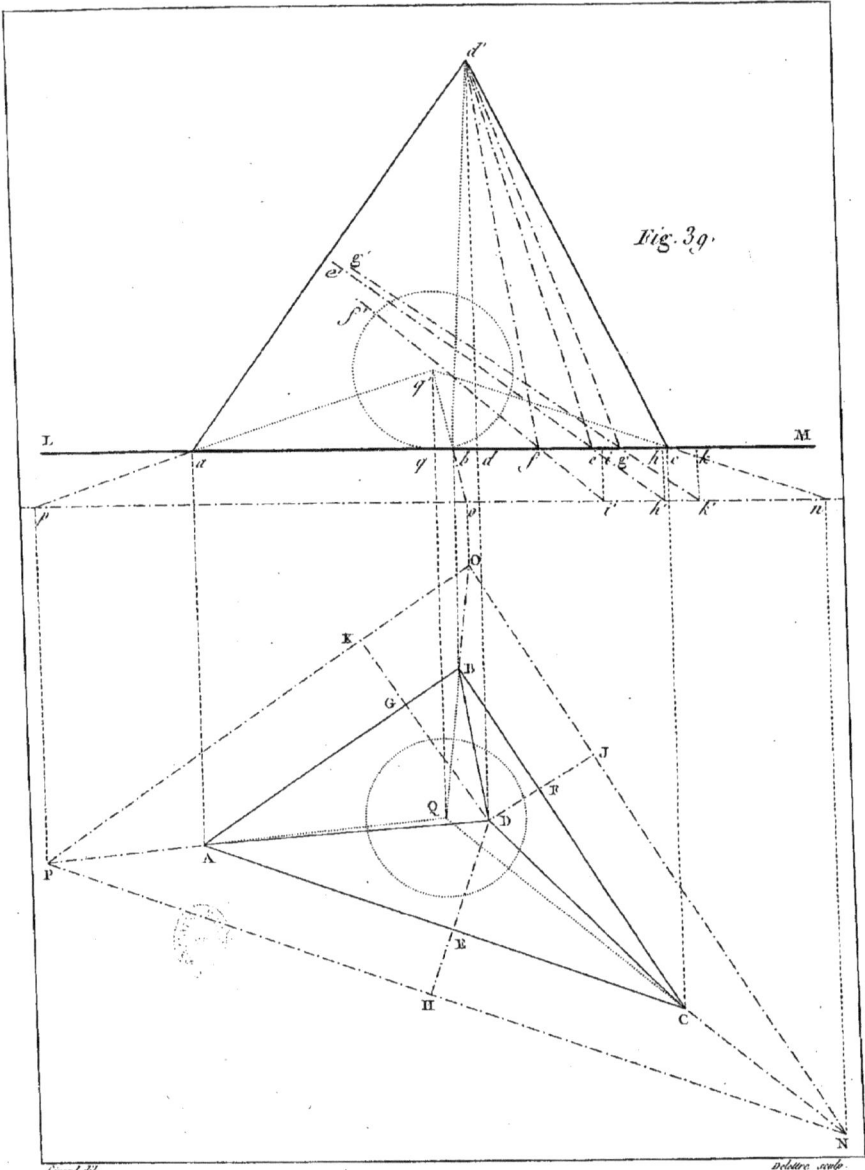

Fig. 39.

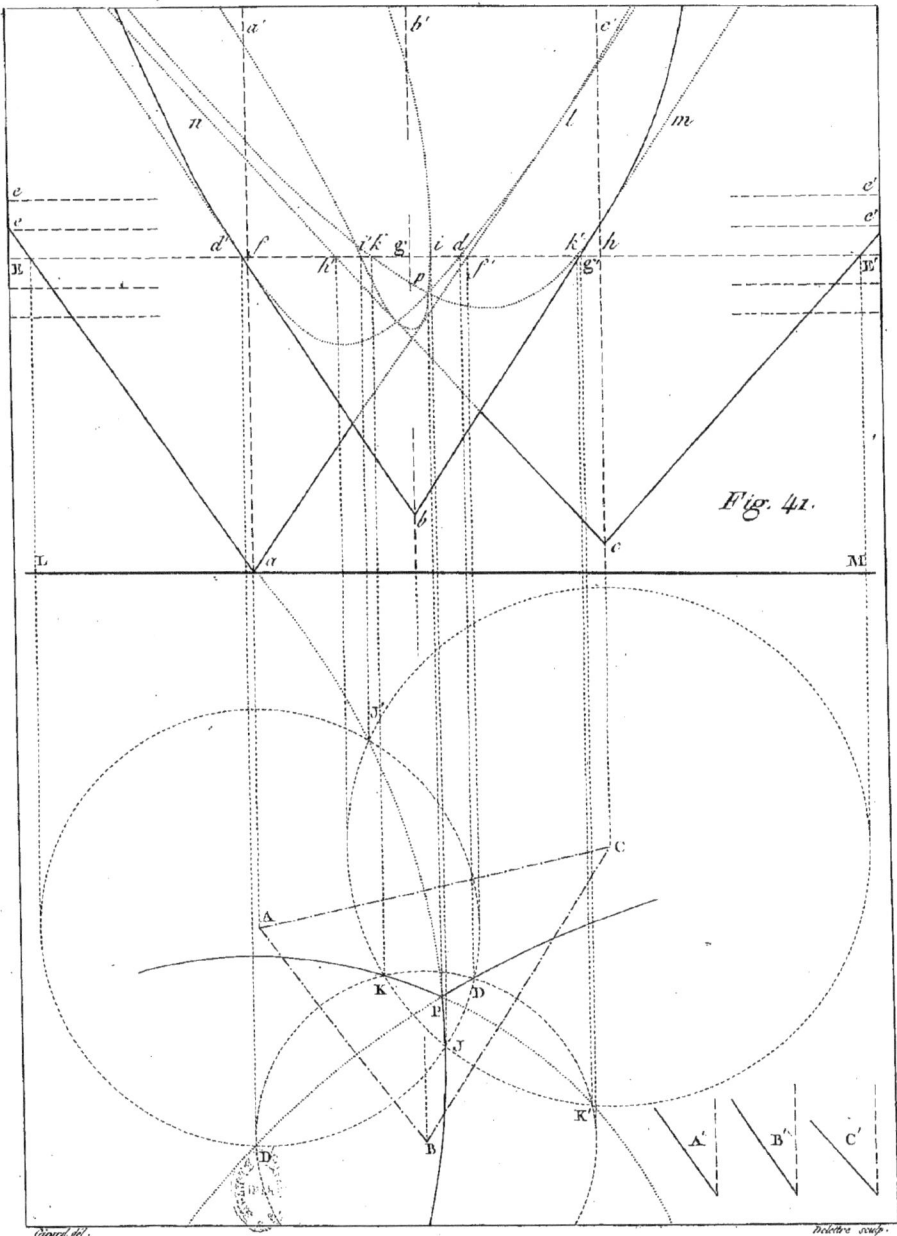

Fig. 41.

Girard del.

Delettre sculp.

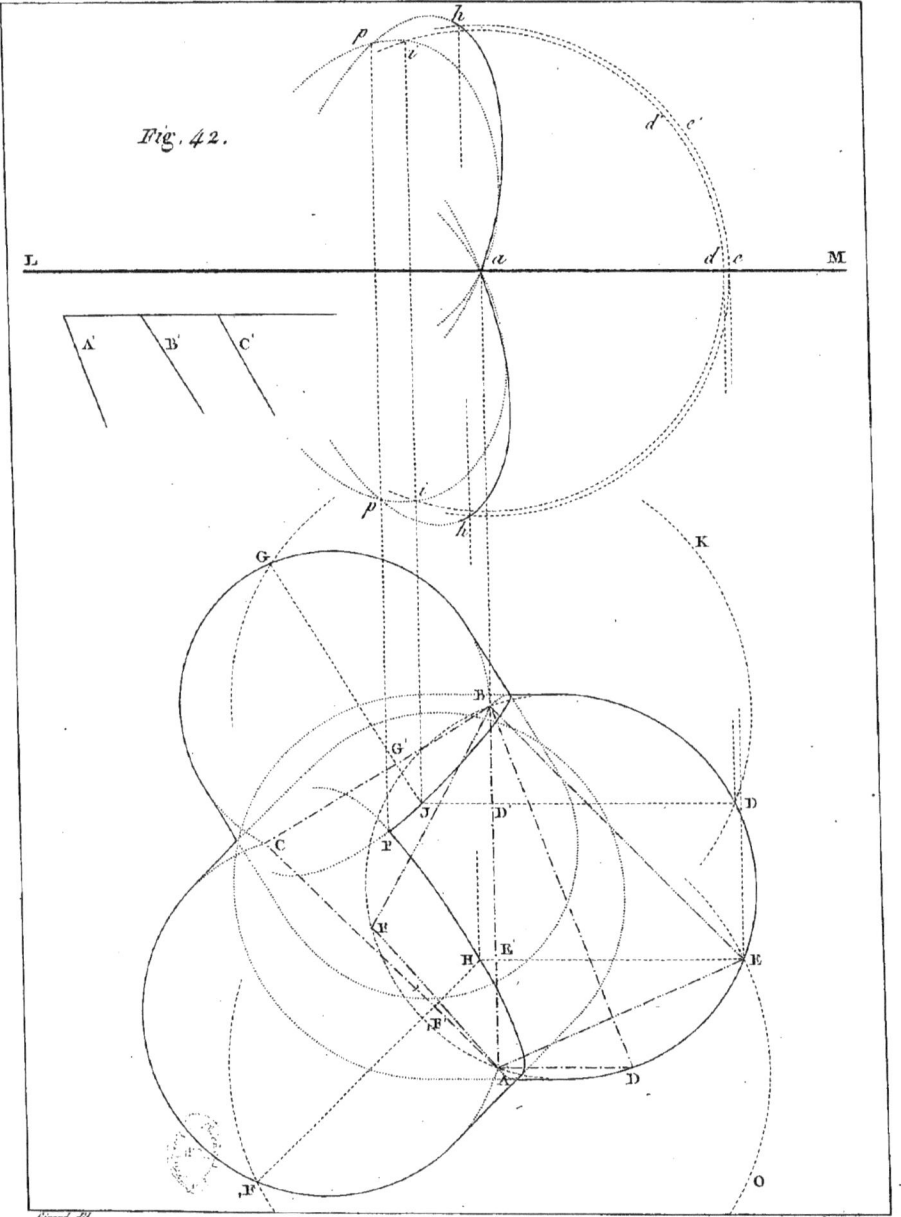

Fig. 42.

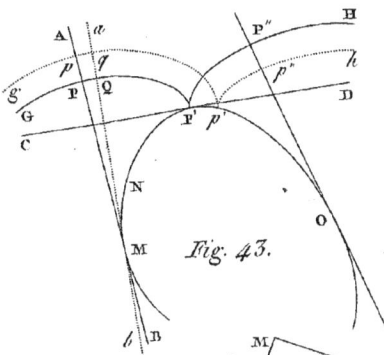

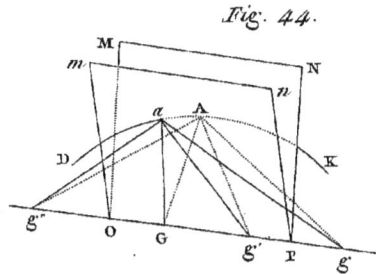

Fig. 44.

Fig. 43.

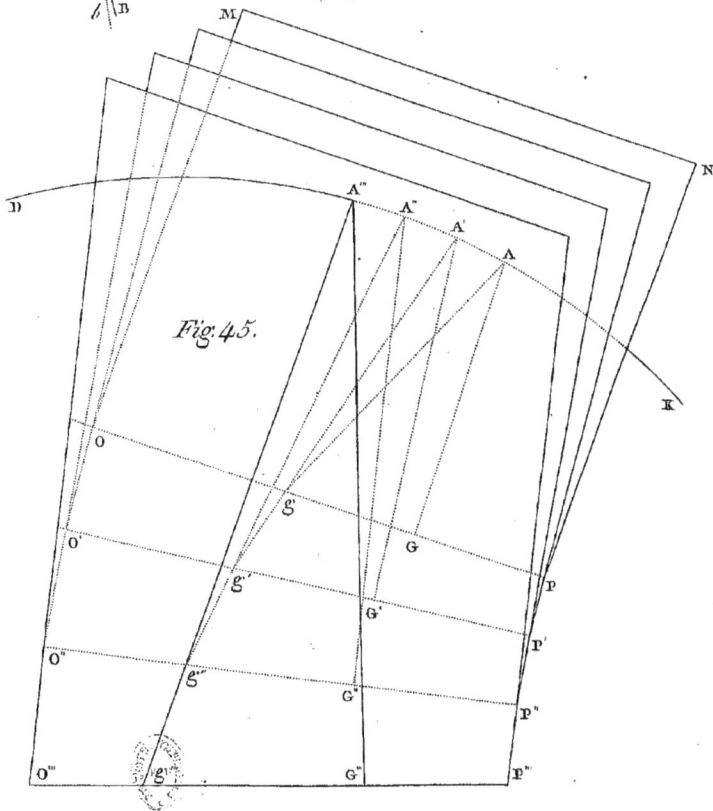

Fig. 45.

Fig. 46.

Fig. 47.

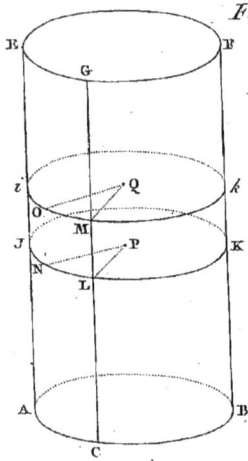

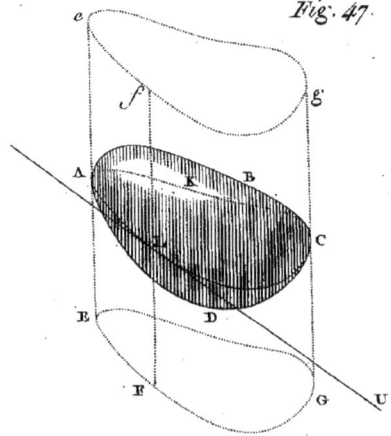

Fig. 48.

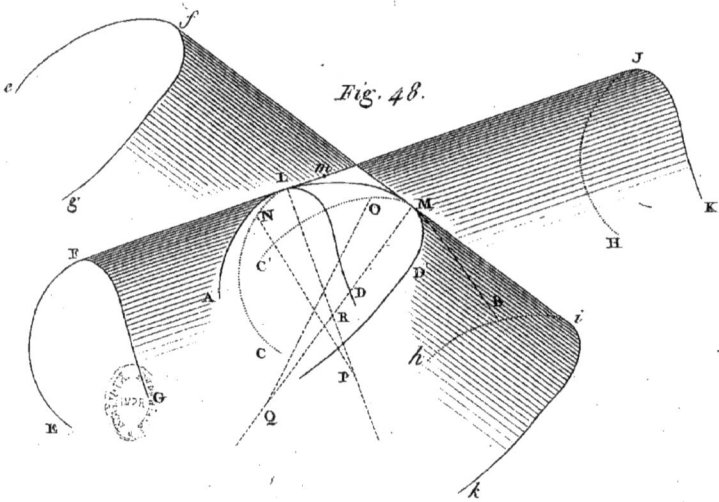

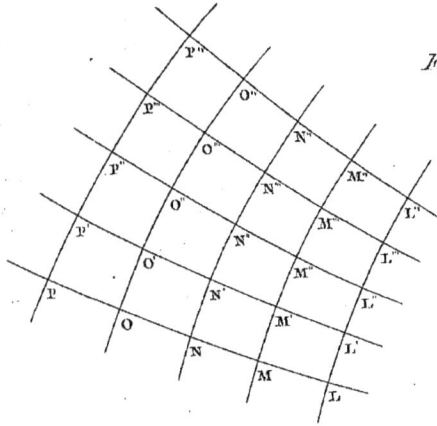

Fig. 49.

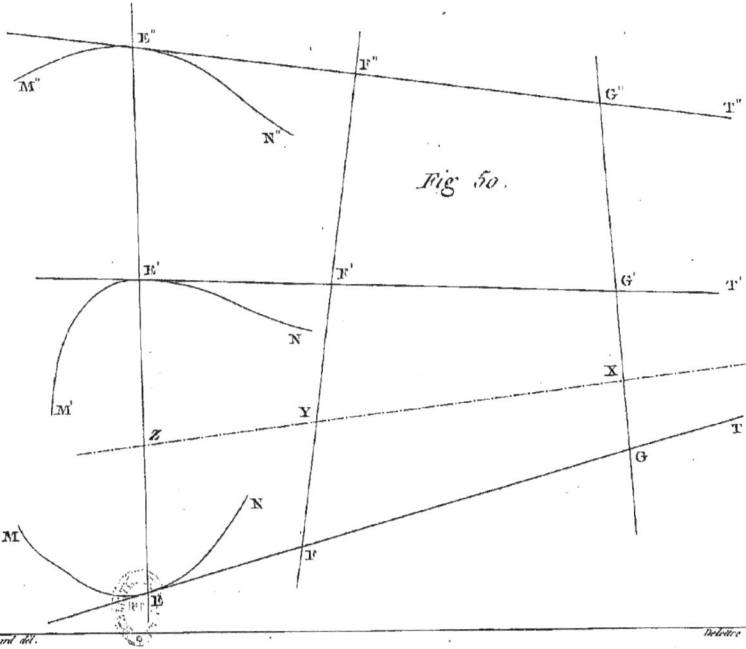

Fig. 50.

www.ingramcontent.com/pod-product-compliance
Lightning Source LLC
Chambersburg PA
CBHW050122210326
41519CB00015BA/4068